全国高等学校BIM技术应用"十三五"规划教材
BIM工程师专业技能培训教材

BIM 技术应用
——Revit 建模与工程应用

- **主　编**　周　基　张　泓
- **副主编**　贺　建　田　琼　颜友贵　陈艳香

WUHAN UNIVERSITY PRESS
武汉大学出版社

图书在版编目(CIP)数据

BIM 技术应用:Revit 建模与工程应用/周基,张泓主编 . —武汉:武汉大学出版社,2017.8(2021.12 重印)

全国高等学校 BIM 技术应用"十三五"规划教材　BIM 工程师专业技能培训教材

ISBN 978-7-307-19279-9

Ⅰ.B…　Ⅱ.①周…　②张…　Ⅲ. 建筑设计—计算机辅助设计—应用软件—高等学校—教材　Ⅳ.TU201.4

中国版本图书馆 CIP 数据核字(2017)第 219054 号

责任编辑:邹　莹　　责任校对:李嘉琪　　装帧设计:吴　极

出版发行:**武汉大学出版社**　　(430072　武昌　珞珈山)

(电子邮箱:whu_publish@163.com　网址:www.stmpress.cn)

印刷:广东虎彩云印刷有限公司

开本:787×1092　1/16　印张:14　字数:341 千字

版次:2017 年 8 月第 1 版　　2021 年 12 月第 7 次印刷

ISBN 978-7-307-19279-9　　定价:56.00 元

前　言

当前我国正处于工业化和城市化的快速发展阶段,建筑行业已经成为国民经济的支柱产业,而信息化是建筑产业现代化的主要特征之一。建筑信息模型(building information modeling,BIM)作为建筑行业信息化的重要组成部分,正在引发建筑行业的变革。

BIM 是以建筑工程项目的各项相关信息数据作为模型的基础,通过数字信息仿真技术来模拟建筑物所具有的真实信息,进行信息化智能模型的建立。基于 BIM 技术的高度可视化、一体化、参数化、仿真性、协调性、可出图性和信息完备性等特点,可将其很好地应用于项目建设方案策划、招投标管理、设计、施工、竣工交付和运维管理等全生命周期各阶段中,有效地保障资源的合理控制、数据信息的高效传递和人员间的及时沟通,有利于项目实施效率和安全质量的提高,从而实现工程项目的全生命周期一体化和协同化管理。

本书由浅至深、循序渐进地介绍了 Revit 2016 的基本操作及命令的使用,并配合实际工程实例,全面讲解 Revit 参数化的具体应用,使读者能更好地巩固所学知识。书中紧扣建筑工程专业知识,带领读者熟悉、掌握该软件,帮助读者了解建筑的三维建模过程,是真正应用于实际的 Revit 基础图书。

本书由周基、张泓担任主编,贺建、田琼、颜友贵、陈艳香担任副主编。本书有配套的教材附件,内容包括书中所有案例的全部项目文件和素材文件,已放在出版社官网(http://www.stmpress.cn/html/2017/jxsj_0830/37.html)上,读者可自行下载。

本书可作为各大院校土建类专业的学生教材,也可作为建筑设计师、专业工程师、土木相关专业学生的自学用书,还可作为社会相关培训机构的教材或参考用书。

本书在编写过程中参考了大量宝贵的文献,汲取了行业专家的经验,在此一并表示衷心的感谢!

由于编者水平有限,书中难免存在疏漏之处,恳请广大读者批评、指正。

编　者
2017 年 5 月

目　　录

第三篇　机电管线 Revit 建模与工程应用

第一篇

BIM基础知识与操作

第1章　BIM 基本理论

1.1　BIM 概述

建筑信息模型(building information modeling,BIM),是指通过数字信息仿真模拟建筑物所具有的真实信息,在这里,信息的内涵不仅仅是几何形状描述的视觉信息,还包含大量的非几何信息,如材料的耐火等级、材料的传热系数、构件的造价、采购信息、设备的参数信息等。实际上,BIM 就是通过数字化技术,在计算机中建立一座虚拟的建筑物。一个建筑信息模型就是提供了一个单一、完整一致、集成共享的建筑信息库。

1.BIM 是一个建筑设施物理和功能特性的数字表达

BIM 是工程项目设施实体和功能特性的完整描述。基于三维几何数据模型,它集成了建筑设施其他相关的物理信息、功能要求和性能要求等参数化信息,并通过开放式标准实现了信息的互用。

2.BIM 是一个共享的知识资源

BIM 最终实现建筑全生命周期信息共享应用。基于这个共享的数字模型,工程的规划、设计、施工、运营、改造或拆除各个阶段的相关人员都能从中获取其所需的信息数据。这些数据是连续、即时、可靠、一致的,也为该建筑从概念到拆除的全生命周期中所有工作和决策提供可靠数据。

3.BIM 是一种应用于建筑全生命周期的协同工作过程

BIM 主要应用于建筑的设计、建造、运营的数字化管理方法和协同工作过程。这种方法支持建筑工程的集成管理环境,可以使建筑工程在其整个进程中显著提高效率和大量降低风险。项目的安全事故、质量缺陷得到有效控制。

4.BIM 是一种信息化技术

BIM 的应用离不开信息化软件平台的支撑,在项目的不同阶段,不同利益相关方通过 BIM 软件在 BIM 模型中提取、应用、更新相关信息,并将修改后的信息赋予 BIM 模型,支持和反映各自职责的协同作业,以提高设计、建造和运营维护的效率和水平。

1.2　BIM 的价值

对于我国建筑行业而言,BIM 技术在设计阶段和建造阶段的应用对协同设计、减少设计错误、节约成本、加快施工进度、保证工程质量等均可起到重要的作用。同时,随着 BIM 技术的深入应用,未来它将不断地与物联网、大数据、云计算、3D 打印等新技术融合,这对我国建筑行业的创新发展具有重要意义。

1.三维模型的直观表达

BIM 采用直接的三维可视化设计,取代了设计师在大脑中构想虚拟建筑物的过程,能够让更多的普通设计人员看懂它,无论有经验与否。

2.计算机自动完成的施工图纸

BIM 模型建立完成,施工图设计工作基本上也完成了,平面图、立面图、剖面图、大样图是自动生成的。以计算机代替人工绘制,修改时可做到"一处修改,处处更新",大大降低图纸的出错率。

3.看得见的冲突

通过精确实现建筑外观的可视化来支持更好的沟通,抛弃了以往使用二维图纸的习惯,直接在三维模型中进行讨论。通过三维剖切视图,可以非常直观地看到各专业之间发生的冲突。通过剖面框或快速生成剖面,使得建筑外部和内部的每一个细节均能够得到清晰的呈现,所有冲突点一目了然。通过碰撞检查软件,不会遗漏任何一个碰撞点,轻松提高设计质量。

4.可预览的建筑施工过程

BIM 三维模型让没有专业知识的施工人员也能完全看懂,并且可以参照模型来施工。如果给三维模型增加时间维度,那就是 4D 施工模拟,它使施工过程完全可见,避免了由于设计图纸原因造成的经济损失。

5.促进建筑施工行业技术能力的提升

BIM 技术的应用可有效地提高工程的可实施性和可控制性,减少过程的返工。应用 BIM 技术可以支持建筑环境、经济、施工工艺等多方面的分析和模拟,实现虚拟的设计、虚拟的建造、虚拟的管理以及全生命周期、全方位的预测和控制。

6.有助于施工行业管理模式的创新和提升

利用 BIM 技术创建数字化模型,对建设工程项目的设计、建造和运营全过程进行管理和优化的过程和方法,更类似一个管理过程。在这个过程中,以 BIM 模型为中心,各参建方能够在统一的模型上协同工作,这将为工程管理模型带来改变和创新。

1.3   BIM 的应用

1.3.1   BIM 在设计阶段的应用

(1)通过可视化设计管理提升管理效率

传统二维 CAD 的设计方式中,由于其平面图、立面图、剖面图以及门窗表、详图等之间是相对独立的,这就导致设计信息处于割裂状态,因此经常会出现图纸设计错误的情况。而基于三维数字技术所构建的"可视化"模型,在模型中调整参数很容易改变构建尺寸,并能轻松导出想要的任意标高平面,节省设计绘图及调整的时间。

(2)通过多专业协同设计提高工作效率

采用二维 CAD 技术的设计经常会出现建筑与结构及管线之间、管线与结构之间相互冲突、碰撞等问题。若利用 BIM 技术,设计师能够在虚拟的三维环境下轻易地发现各专业构件之间的空间关系是否存在碰撞、冲突,大大地提高了管线综合的设计能力和工作效率。

（3）设计方案验证及深化

使用 BIM 技术除了能进行造型、体量和空间分析外,还可以同时进行能耗分析和建造成本分析等,使得初期方案决策更具有科学性;BIM 技术可辅助设计师在概念阶段对建筑体的整体外观进行三维可视化设计、建筑体量分析等,直观了解建筑形态信息。

1.3.2 BIM 在建造阶段的应用

（1）通过碰撞检查,有效减少返工

针对建筑工程设计,建筑、结构、设备及管线等不同专业的设计工作是分开进行的。在施工前,施工单位需要将各专业设计图纸进行综合检查,以保证各专业之间不发生冲突。传统的检查方式是采用二维图纸,往往难以发现一些空间碰撞问题,同时,不同专业图纸有很多,在多张图纸之间寻找冲突和发现问题十分困难。应用 BIM 技术,可将多专业模型集成到统一的模型中,在虚拟的三维环境下进行快速、全面、准确的计算,并检查出设计图纸中的错误、遗漏及各专业间的碰撞问题。

（2）通过施工模拟,优化施工方案

在施工之前,施工单位需要编制合理的施工方案。传统施工方案都是基于二维图纸和施工经验进行编制的,其施工的可行性往往无法满足实际施工的要求,结果导致专项施工方案边施工、边修改和边优化。借助 BIM 技术三维可视化的特点实现施工模拟,在虚拟现实中对建筑项目的施工方案进行分析、模拟和优化,可以直观地了解整个施工环节的时间节点和相关工序,从而优化方案,确保施工方案的可行性和安全性。

（3）支持进度管理与控制

导入 P3/P6 或者 Microsoft Project 等主流的项目进度组织计划软件中制定的节点图或者横道图,结合已经创建的 BIM 模型以及项目成本信息,进行施工进度仿真模拟,即 4D（时间＋3D 模型）模拟或者 4D＋成本的 5D 模拟。基于 4D 的管理体系通过三维图形模拟进度的实施,自动检查单位工程限定的工期是否有误等情况。

（4）现场材料管理

利用 BIM 多维模拟施工计算,快速、准确地拆分、汇总并输出任意细部工作的消耗量标准,真正实现了限额领料的初衷。

（5）采用 BIM 建模进行构件精细化制造和工厂化加工

基于 BIM 模型可方便地生成各部位的平面、立面、剖面图纸,并审核原设计蓝图,修正设计,将模型进行合理的拆分,达到工厂化预制加工。

（6）支持精确、高效的工程量计算

利用建好的 BIM 模型,导出实际的工程量清单,让实际的工程量数据及时进入 5D 关系数据库,成本汇总、统计、拆分对应瞬间可得。建立实际成本 BIM 模型,周期性（月、季）按时调整、维护该模型,统计分析工作效率更高。

（7）模型与造价信息关联

通过专用的工程量清单信息关联功能,为模型中的各个族（类型）关联对应的工程量清单和定额项目。借助于 BIM 模型,实现工程量计算与计价的双向数据衔接,当模型改动时,能够实时反映工程造价的变化。

　　由于 BIM 技术在国内应用的时间不长,国内的设计、施工、监理、咨询等企业对 BIM 的认知水平和应用水平相对较低,BIM 应用还处于初级应用阶段,为了实现建筑业的精细化管理和快速提升能力,仍有许多制度有待完善,需要更多的政策支持和有志之士投入其中。BIM 的应用应该以"建设单位主导、参建单位共同参与的基于 BIM 技术"的精益化管理模式开展。因此,BIM 的全生命周期应用是整个行业全部流程的全面应用。全面应用是可以实现的,但需要时间和技术上的积累。BIM 设计的实现是整个体系的第一步,也是最重要的一步。

第2章　Revit 基础知识

Revit 是针对工程建设行业推出的一款 BIM 工具,利用 Revit 可以使用基于智能模型的流程,实现规划、设计、建造及管理建筑和基础设施。Revit 支持工程设计流程的协作式设计。其大多数术语均来自于工程项目,例如墙、门、窗、楼板、楼梯等,也包括一些专用的术语,掌握这些术语的概念才能理解并掌握好 Revit 的操作。

2.1　基 本 术 语

2.1.1　项目

项目是单个设计信息数据库。项目文件包含了某个建筑的所有涉及信息(从几何图形到构造数据),也可以简单理解为默认存档格式文件。项目文件以.rvt 格式保存,需要注意的是,.rvt 格式的项目文件无法在低版本的 Revit 软件中打开,但可以在更高版本的 Revit 软件中打开。

2.1.2　项目样板

项目样板提供项目的初始状态。在 Revit 中创建任何项目时,均需采用项目样板文件,项目样板文件以.rte 格式保存。与项目文件类似,在低版本的 Revit 中无法打开高版本 Revit 软件创建的样板文件。

2.1.3　族

在 Revit 中,墙、门、窗、楼梯、楼板等基本的图形单元被称为图元,任何一个图元都是由某一个特定族生成的。例如,基本墙族生成的墙图元均具有厚度、高度、材质等参数,如图 2-1 所示,根据这些参数的不同又可以将墙分为不同的类型,创建不同的实例。族文件格式为.rfa,在 Revit 中,族分为以下三种。

1. 可载入族
可载入族是指单独保存为.rfa 格式的独立族文件,可以随时载入项目中。Revit 提供了族样板文件,用户可以自定义任意形式的族。

2. 系统族
系统族不能作为单独的族文件载入或创建,仅能利用系统提供的默认参数进行定义。系统族包括墙、尺寸标注、天花板、屋顶、楼板等。

3. 内建族
内建族是指用户在项目中直接创建的族。内建族仅能在所创建的项目中使用,不能保存为单独的.rfa 格式的族文件。

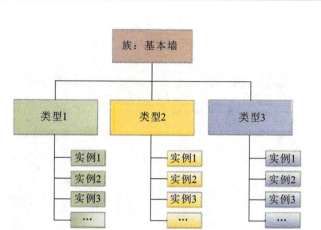

图 2-1　族生成图元

2.1.4　族样板

族样板用来定义族的初始状态。在 Revit 中创建任何族文件时,均需采用族样板文件,族样板文件以 .rft 格式保存。

2.1.5　模型图元

生成建筑物几何模型,表示物理对象的各种图形元素称为模型图元,其代表着建筑物的各类构件。模型图元是构成 Revit 信息模型最基本的图元,也是模型的物质基础,分为主体图元和构件图元两类。

1. 主体图元

主体图元可以在模型中承纳其他模型图元对象的模型图元,代表着建筑物中建造在主体结构中的构件,如柱、梁、楼板、墙体、屋顶、天花板、楼梯等。

2. 构件图元

除主体图元之外的所有图元均为构件图元。构件图元一般在模型中不能够独立存在,必须依附主体图元才可以存在,如门、窗、上下水管道、卫生器具等。

2.2　操作界面

Revit 操作界面由应用程序菜单、快速访问工具栏、信息中心、功能区、选项栏、属性栏、项目浏览器、绘图区、状态栏和视图控制栏组成,如图 2-2 所示。用户可以根据自己的需要调整界面布局,修改快速访问工具栏、属性栏或项目浏览器的位置。

2.2.1　应用程序菜单

单击界面左上角的"应用程序菜单"按钮 ，可以打开应用程序菜单列表,如图 2-3 所示。

应用程序菜单　选项栏　快速访问工具栏　面板　选项卡　功能区　信息中心

项目浏览器

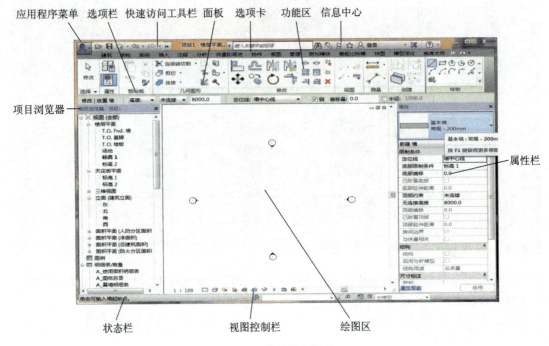

属性栏

状态栏　　　　视图控制栏　　　绘图区

图 2-2　软件操作界面

图 2-3　应用程序菜单列表

　　应用程序菜单包括新建、保存、打印、导出等操作，单击右下角"选项"按钮，可以打开"选项"对话框，在"用户界面"中，用户可以根据工作需要自定义出现在功能区的选项卡命令，并自定义快捷键，如图 2-4 和图 2-5 所示。

图 2-4　"选项"对话框　　　　　　　　　　　　图 2-5　快捷键设置

2.2.2　功能区

　　功能区提供了创建模型所需的全部工具，由选项卡、工具面板和工具命令按钮组成，如图 2-6 所示。

图 2-6　功能区

　　单击工具命令按钮可以进入绘制或编辑状态。在后续章节中，将按选项卡—工具面板—工具命令的顺序描述操作中需要用到的命令工具所在位置。例如，要使用窗工具，将描述为单击"建筑"选项卡"构建"面板中的"窗"命令。

　　如果同一个工具图标中有其他工具命令，则会在图标下方显示下拉箭头，单击下拉箭头，可以将这些命令全部显示出来。同样，在工具面板中存在未显示的其他工具时，会在面板下方显示下拉箭头。如图 2-7 所示，为"墙"工具中所包含的所有工具命令。图 2-8 为"房间和面积"面板中所包含的所有工具命令。

图 2-7 "墙"工具

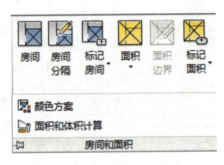

图 2-8 "房间和面积"面板

Revit 中功能区面板具有 3 种显示状态。双击选项卡名称或单击选项卡右侧功能区状态切换符号 ，可以将功能区视图在最小化为选项卡显示(图 2-9)、最小化为面板标题显示(图 2-10)、最小化为面板按钮显示(图 2-11)3 种显示状态下切换。

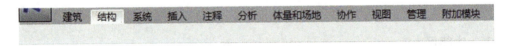

图 2-9 功能区视图最小化为选项卡显示

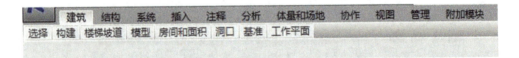

图 2-10 功能区视图最小化为面板标题显示

图 2-11 功能区视图最小化为面板按钮显示

2.2.3 快速访问工具栏

Revit 提供了快速访问工具栏,用来快速使用常用命令。默认情况下快速访问工具栏包括"打开""保存""撤销""恢复""切换窗口""三维视图""同步并修改设置""定义快速访问工具栏"几个工具。用户也可根据需要自定义快速访问工具栏中的工具内容及排列顺序。例如,要将功能区的"墙"工具添加到快速访问工具栏,可在"墙"上单击右键,选择"添加到快速访问工具栏",如图 2-12 所示。如要移除快速访问工具栏中该工具,则在快速访问工具栏的"墙"图标上单击鼠标右键,选择"从快速访问工具栏中删除",如图 2-13 所示。

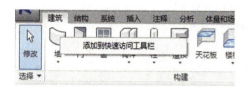

图 2-12　添加到快速访问工具栏

图 2-13　从快速访问工具栏中删除工具

也可将快速访问工具栏设置为在功能区下方显示,单击快速访问工具栏后方下拉箭头,选择"在功能区下方显示",如图 2-14 所示。在功能区上方显示快速访问工具栏的设置方法与之相同。

图 2-14　设置快速访问工具栏的显示位置

2.2.4　选项栏

选项栏默认位于功能区下方。用于设置当前正在执行的操作的相关参数,图 2-15 所示为绘制柱状态下选项栏所显示的内容。

也可将选项栏放在界面底部,操作状态下,在选项栏上单击鼠标右键,选择"固定在底部"即可,如图 2-16 所示。

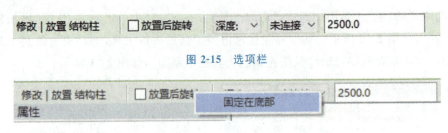

图 2-15　选项栏

图 2-16　固定选项栏

2.2.5　项目浏览器

项目浏览器用于管理项目中的所有信息,包括项目中的所有视图、明细表、图纸、族、组、链接模型等,如图 2-17 所示。

在项目浏览器中任意名称标题上单击鼠标右键,在弹出的菜单中选择"搜索",可以对视图、族、族类型名称等进行查找、定位,如图 2-18 所示。

图 2-17　项目浏览器　　　　图 2-18　搜索功能

2.2.6　属性栏

属性栏用于查看和修改 Revit 中图元实例属性的参数。打开或关闭属性栏可以通过快捷键 Ctrl+1 来控制,或选择任意图元,单击上下文关联选项卡中的"属性"按钮,也可在绘图区域单击鼠标右键,选择"属性",打开属性栏。属性栏包括如图 2-19 所示内容,当选择某个对象时,属性栏将显示所选对象的实例属性;未选择任何对象时,属性栏则显示活动视图的属性。

2.2.7　绘图区

Revit 中绘图区显示当前项目的楼层平面视图、三维视图以及图纸视图和明细表视图。每切换新的视图,都会在绘图区创建新的视图窗口,且保留所有已打开的其他视图。使用"视图"选项卡下"窗口"面板中的"平铺""层叠"命令,可以将这些视图排列成平铺或层叠显示。

图 2-19　属性栏

　　绘图区背景颜色默认为白色,在应用程序菜单中的"选项"对话框下的"图形"界面,可以将背景颜色设置成其他颜色,如图 2-20 所示。

图 2-20　设置背景颜色

2.2.8 视图控制栏

视图控制栏包括视图比例、详细程度、视觉样式、三维渲染、显示/隐藏裁剪区域、临时隐藏/隔离/显示、显示隐藏的图元、临时视图属性和显示约束。主要命令对应的作用如图 2-21 所示。

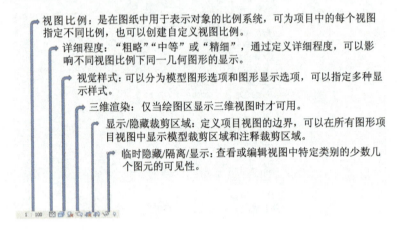

图 2-21 视图控制栏

2.2.9 状态栏

状态栏会提供相关的操作提示。当鼠标停留在某个图元上时,状态栏会显示该图元的族和类型名称。状态栏沿应用程序窗口底部显示。

2.3 视图控制

2.3.1 视图种类

Revit 中各种视图都有各自的特点和用途,常用的视图有平面视图、立面视图、剖面视图、详图索引视图、三维视图、图例视图、图纸视图及明细表视图。

一个项目可以有任意多个视图,例如,在标高 1 处可以创建任意数量的楼层平面视图,以满足不同的功能需要,如标高 1 梁布置平面图、标高 1 墙柱布置图、标高 1 建筑平面图等,所有视图均由模型剖切投影生成。

在"视图"选项卡下的"创建"面板中提供了创建各种视图的工具,如图 2-22 所示,也可以在项目浏览器中创建各类视图。

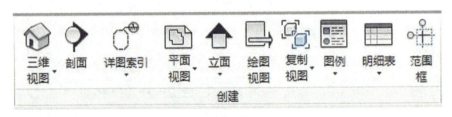

图 2-22 "创建"面板

1.楼层平面视图和天花板平面视图

楼层平面视图和天花板平面视图是沿水平方向,按指定的标高偏移一定的距离后剖切投影而成的视图。在创建标高时默认可以自动创建对应的楼层平面视图或结构平面视图;也可通过"视图"选项卡"创建"面板下的"平面视图"工具手动创建楼层平面视图。

在平面视图中,未选择任何图元时,属性栏将显示当前视图的属性。在属性栏中单击"视图范围",将打开"视图范围"对话框,可以自定义视图的剖切位置及可见范围,如图 2-23 所示。

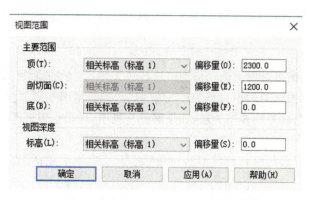

图 2-23　"视图范围"对话框

"视图范围"是用来控制视图中模型对象的可见性和外观的一组水平平面,包括"顶部平面""剖切面""底部平面"和"视图深度平面"。其中,顶部平面和视图深度平面用于确定视图范围最顶部和最底部的位置,剖切面和底部平面确定视图可视范围最高位置和最低位置,最终所能看见的图元为底部平面与剖切面之间的图元,如图 2-24 所示。

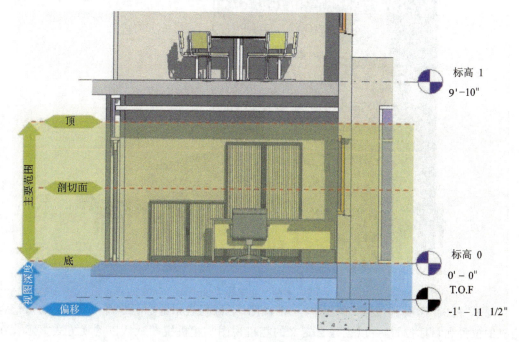

图 2-24　视图范围图解

2. 立面视图

立面视图是项目模型在立面方向上的投影视图。项目默认包含东、西、南、北 4 个立面视图，在楼层平面视图中以立面符号 ◁□ 表示各立面视图，双击该符号的小三角形，可以直接进入对应的立面视图中。用户也可以在楼层平面视图或天花板视图中创建任意立面视图。

3. 剖面视图

在平面、立面或详图视图中通过在指定位置绘制剖面符号线，在该位置对模型进行剖切，并根据剖切和投影方向生成模型投影，形成剖面视图。剖面视图的剖切范围可以通过鼠标自由拖曳修改。

4. 详图索引视图

使用详图索引视图可对模型的局部细节进行放大显示。在平面视图、剖面视图、详图视图或立面视图中可添加详图索引，以创建"父视图"。详图索引视图对父视图中某部分进行放大显示，所显示的内容与原模型关联，如果删除父视图，详图索引视图也将被删除。

5. 三维视图

通过三维视图，可直观地查看模型的外观状态。三维视图包括正交三维视图和三维透视图。

在正交三维视图中，所有构件的大小均相同，可以单击快速访问工具栏中的"默认三维视图"图标 🏠 进入，默认是三维视图，也可通过双击项目浏览器中的"三维视图"－"三维"命令切换至三维视图，如图 2-25 所示。

图 2-25 三维视图

通过"视图"选项卡"创建"面板中"三维视图"下拉列表中的"相机"命令（图 2-26），指定相机的位置和目标位置，可以创建自定义的相机视图。相机视图默认以透视方式显示。在透视三维视图中，越远的构件显示越小，越近的构件显示越大，如图 2-27 所示。

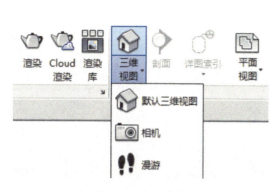

图 2-26　相机命令

图 2-27　透视三维视图

2.3.2　视图基本操作

通过鼠标、ViewCube 和视图导航可以对视图进行控制。在平面视图、立面视图或三维视图中，通过前后滑动鼠标滚轮可以对视图进行缩放；按住鼠标中键并拖动，可以对视图进行平移操作。在三维视图中，按住 Shift 键的同时按住鼠标中键并拖动，可以对三维视图进行旋转操作。

在三维视图中，还可以通过 ViewCube 来控制三维视图。ViewCube 默认位于绘图区右上方，如图 2-28 所示。通过单击 ViewCube 的面、顶点或边，可以在模型的各立面、等轴测视图间进行切换。鼠标左键按住并拖曳 ViewCube 下方的环形，可以将三维视图方向调整为任意方向。

此外，Revit 还提供导航栏工具条，如图 2-29 所示。导航栏默认位于 ViewCube 下方。在任意视图中都可以通过导航栏对视图进行控制。导航栏包括视图平移查看和视图缩放两类工具。

图 2-28　ViewCube

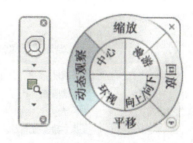

图 2-29　导航栏工具条

2.3.3　视图显示样式

通过视图控制栏，可以对视图中图元的显示状态进行控制。如图 2-30 所示，在视图控制栏中，"视图比例"可以调整模型尺寸与当前视图之间的关系，修改视图比例不会影响模型的实际尺寸。

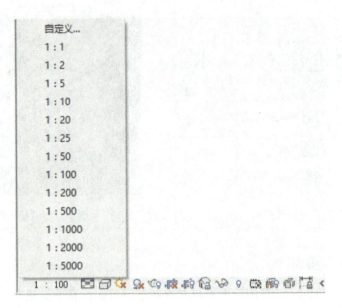

图 2-30　视图比例

　　"详细程度"可以将 Revit 中的图元定义成"粗略""中等""精细"三种显示状态,以满足出图要求,如图 2-31 所示。

图 2-31　视图精细等级

　　"视觉样式"用于控制模型在视图中的显示方式。Revit 提供了 6 种视觉样式:线框、隐藏线、着色、一致的颜色、真实、光线追踪,如图 2-32 所示。从线框到光线追踪,其显示效果越来越强,一般情况下,平面图或剖面图设置为线框或隐藏线模式,三维视图设置为着色或真实模式。

图 2-32　视觉样式

2.3.4　视图可见性控制

　　Revit 可以对视图的可见性进行设置,以控制视图内某个或某些类别的图元的显示或隐藏。单击"视图"选项卡下"图形"面板中的"可见性/图形替换",打开"楼层平面:标高 1 的可见性/图形替换"对话框,如图 2-33 所示。在该对话框中可以将某个类别图元前的"√"去掉以在视图中隐藏该类图元,或勾上"√"将该类图元显示出来。还可以通过设置"投影/表面"下的"线""填充图案""透明度"等来控制各类别图元在视图中的显示样式。

图 2-33　"楼层平面:标高 1 的可见性/图形替换"对话框

2.4　文 件 管 理

2.4.1　新建项目文件

在 Revit 中,新建一个文件是指新建一个"项目"文件或"族"文件,与传统 CAD 中的新建一个平面图或立面图、剖面图等文件有所区别。创建新的项目文件是开始建模的第一步。

1. 样板文件

在 Revit 中新建项目时,系统会自动以一个后缀为 .rte 的文件作为项目的初始文件,这个 .rte 格式的文件即为样板文件。样板文件定义了新建项目中默认的初始参数,如项目默认的度量单位、楼层数量、层高信息、线型设置和可见性设置等。用户也可以自定义样板文件的内容,并保存为新的 .rte 格式的样板文件。

2. 新建项目

在 Revit 中,可以通过以下 3 种方式新建项目文件。

(1)软件主界面"项目"目录下

打开 Revit 软件后,在主界面的"项目"目录下选择"新建"选项(图 2-34),系统将打开"新建项目"对话框(图 2-35),在对话框样板文件下拉列表中选择需要的样板文件,单击"确定",即完成了项目文件的新建。

系统自带构造样板、建筑样板、结构样板、机电样板几种样板,新建项目文件可直接选择系统自带的这些样板文件,或单击"样板文件"下拉列表后方的"浏览"按钮,指定新的样板文件作为新建项目的样板。

图 2-34 "项目"目录

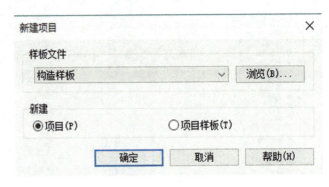

图 2-35 "新建项目"对话框

(2)快速访问工具栏

单击快速访问工具栏中的"新建"图标 ,即可打开"新建项目"对话框,并按上述方法新建项目文件。

(3)应用程序菜单

单击"应用程序菜单"图标 ,在下拉列表中选择"新建"-"项目",即可打开"新建项目"对话框,并按上述方法新建项目文件。

2.4.2 项目设置

新建完项目文件后,需先对项目的相关信息进行设置,才可开始绘图操作。用户可在"管理"选项卡中通过相应的工具对项目进行设置。

1. 项目信息

切换至"管理"选项卡,在"设置"面板中单击"项目信息"按钮,此时将打开"项目属性"对话框,如图 2-36 所示。依次在"建筑名称""项目发布日期""项目状态""客户姓名""项目名称""项目编号"等处输入项目对应的信息。单击"能量设置"后的"编辑"按钮,可在打开的对话框中设置"建筑类型""地平面"等参数信息,如图 2-37 所示。

2. 项目地点

切换至"管理"选项卡,在"项目位置"面板中单击"地点"按钮,将打开"位置、气候和场地"对话框,如图 2-38 所示。在"定义位置依据"下拉列表框中选择"默认城市列表"选项,即可通过"城市"下拉列表框或"纬度"和"经度"文本框来设置项目地理位置。

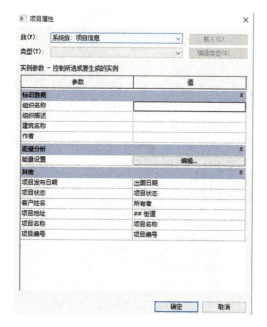

图 2-36　"项目属性"对话框　　　　　　　　　图 2-37　"能量设置"对话框

图 2-38　"位置、气候和场地"对话框

3. 项目单位

项目样板文件中对项目的单位已经提前进行了设置,但在开始绘图之前,用户可以根据实际项目需要再次对项目单位进行设置。

切换至"管理"选项卡,在"设置"面板中单击"项目单位"按钮,将打开"项目单位"对话框,如图 2-39 所示。此时,单击各单位参数后的"格式"按钮,即可在弹出的对话框中对相应的单位进行设置,如图 2-40 所示。

4. 捕捉设置

为了方便在绘图过程中精确捕捉定位,用户可以在项目开始之前对对象捕捉进行设置。

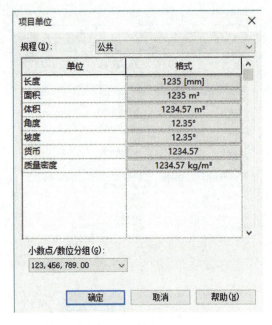

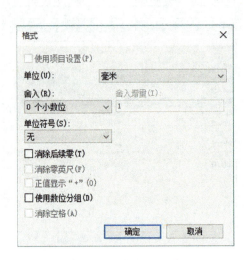

图 2-39　"项目单位"对话框　　　　　　　　　图 2-40　"格式"对话框

　　切换至"管理"选项卡,在"设置"面板中单击"捕捉"按钮,将打开"捕捉"对话框,如图 2-41 所示。此时,可以设置长度和角度的捕捉增量以及启用相应的对象捕捉类型等。

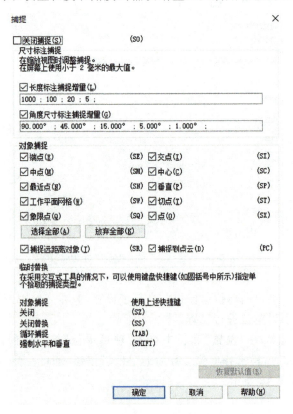

图 2-41　"捕捉"对话框

2.4.3　保存项目文件

　　在完成图形的创建和编辑后,可将项目文件保存到指定的位置。在对项目进行编辑的过程中,应定期保存项目文件,以防止发生突发情况造成项目文件丢失。

　　完成项目文件内容的创建和编辑后,在快速访问工具栏中单击"保存"按钮 ,系统将打开"另存为"对话框,如图 2-42 所示,选择保存路径并输入项目文件的名称,单击"选项"设置备份数,最后单击"确定"完成保存。

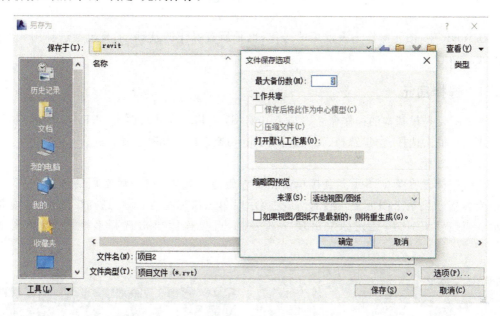

图 2-42　"另存为"对话框

第3章 图　　元

3.1　图元操作

在 Revit 中,图元操作是最常用的操作,也是所有操作的基础,主要包括选择图元和过滤图元。

3.1.1　选择图元

选择图元是最基本的操作命令。与 AutoCAD 或其他设计软件类似,Revit 中的图元选择方式包括单击选择、窗口选择、特性选择、Tab 切换选择这几种选择方式。

1. 单击选择

单击选择是在某个图元上直接单击鼠标左键进行选择,这是最常用的选择方式。将鼠标光标移动到某个图元上,当图元高亮显示时单击鼠标左键,即可选择该图元,如图 3-1 所示。当按住 Ctrl 键,且光标上出现“＋”号时,可以连续单击选择多个图元,如图 3-2 所示。

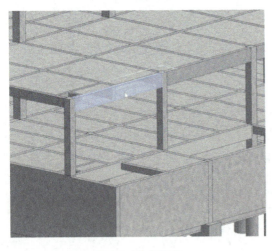

图 3-1　选择图元

图 3-2　图元多选

2. 窗口选择

窗口选择(简称“窗选”)是以指定对角点的方式定义一个矩形选取范围,从而选择图元的方法。当从左至右拖曳光标绘制矩形框时,将生成实线范围框,只有被实线范围框全部包围的图元才会被选中,如图 3-3 所示;当从右至左绘制矩形框时,将生成虚线范围框,所有被矩形框完全包围或与矩形范围框边界相交的图元均会被选中,如图 3-4 所示。

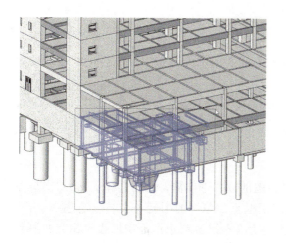

图 3-3　从左至右选择

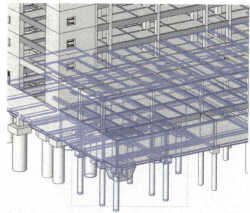

图 3-4　从右至左选择

3. 特性选择

特性选择是通过已选图元的特性选择与之类似的其他实例图元。选中某个图元后，在该图元上单击鼠标右键，如图 3-5 所示，选择"选择全部实例"→"在视图中可见"或"在整个项目中"，即可将与所选图元具有相同特性的其他实例图元全部选中。

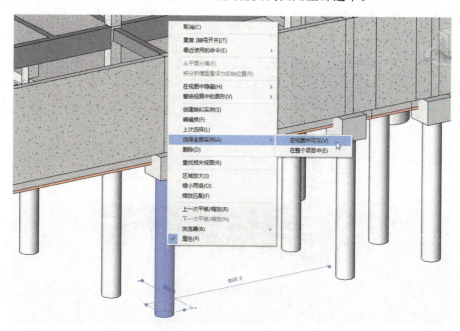

图 3-5　特性选择

4. Tab 切换选择

在选择图元过程中，当视图中出现重叠的图元时，需要切换选择，此时可以通过按下 Tab 键在不同图元间切换选择，连续多次按下 Tab 键，可以在多个图元间循环切换选择。

3.1.2　过滤图元

当利用窗选选择多个图元时,很容易将其他不需要的图元也选中,此时,可以通过过滤图元的方法将不需要的图元从选择中排除。

1. Shift+单击取消选择

按住 Shift 键,光标上将出现"一"号,将光标移动到要取消选择的图元上,单击该图元即可将其取消选择。

2. Shift+窗选取消选择

按住 Shift 键,光标上将出现"一"号,通过拉框的方式选择需要取消选择的图元,当从左至右拉框时,将生成实线范围框,只有被实线范围框全部包围的图元才会被取消选择;当从右至左拉框时,将生成虚线范围框,所有被矩形框完全包围或与矩形范围框边界相交的图元均会被取消选择。

3. 过滤器

当选中的图元中包含不同类别的图元时,可以使用过滤器从选择中排除不需要的类别。例如,选中的图元中包含墙、楼板、结构柱和结构框架,此时,可以单击"修改"选项卡下的"过滤器"图标,将"楼板""结构框架"选择框中的"√"去掉,从而取消了楼板和结构框架的选择,只选择墙和结构柱,如图 3-6 所示。

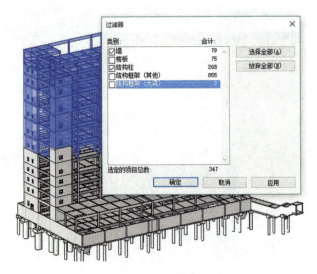

图 3-6　过滤器选择

3.2　图元编辑

在 Revit 中,除了各个构件专用的编辑命令外,还可以使用"修改"选项卡下的重用工具对图元进行编辑。这些工具包括对齐、偏移、拾取轴镜像、绘制轴镜像、拆分图元、用间隙拆分、阵列、缩放、移动、复制、旋转、修剪/延伸为角、修剪/延伸单个图元、修剪/延伸多个图元、锁定、解锁和删除,如图 3-7 所示。这些工具命令的操作方法和 AutoCAD 中的操作方法基本相同,要熟练掌握 Revit,必须熟练掌握这些工具的操作。

图 3-7 "修改"面板

3.2.1 调整图元

移动、对齐、旋转、缩放命令都是在不改变图元原有形状的基础上,对图元的位置、旋转角度和比例大小进行调整,以满足实际需要。

1. 移动

移动功能可以实现对图元的位置进行调整,而图元方向和大小保持不变,移动图元可以通过三种方法实现。

(1)拖曳

启用状态栏中的"选择时拖曳图元"功能,在对应视图中选中需要移动的图元,当鼠标光标变成十字箭头时,按住鼠标左键并拖动光标,即可实现对图元的移动,如图 3-8 所示。

(2)方向箭头移动

选择某图元后,直接按键盘上的方向箭头来移动图元。

(3)移动工具

单击选择需要移动的图元,即可激活"修改"选项卡,单击选项卡下的"移动"按钮,在对应的视图中选择一点作为移动的起点,再输入移动的距离,或直接指定移动的终点,即可完成对图元的移动操作,如图 3-9 所示。

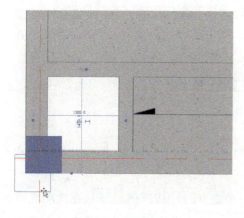

图 3-8 拖曳图元

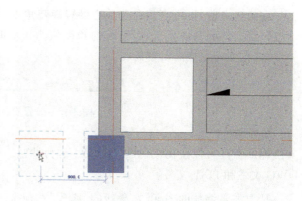

图 3-9 移动图元

2. 对齐

对齐工具可以将需要移动的图元与目标位置对齐。选中需要移动的图元后,在激活的"修改"选项卡中单击"对齐"按钮,然后选择图元要对齐的目标位置的目标线,再从图元上选择一条要与目标线对齐的线,即可将图元与目标线对齐。

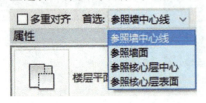

图 3-10　对齐设置

如图 3-10 所示,在对齐命令的选项栏内可以选择"多重对齐",当选择"多重对齐"时,可以同时将多个图元与目标线对齐;若对齐的目标线为墙边线或中线,可以在对齐命令的选项栏中的"首选"下拉列表中,根据实际情况选择对应的对齐方式:参照墙中心线、参照墙面、参照核心层中心、参照核心层表面。

3. 旋转

旋转是对图元的方向进行调整,而位置和大小保持不变,该命令可以将图元对象绕指定基点旋转任意角度。

选择要旋转的对象后,在激活的"修改"选项卡下单击"旋转"按钮图标，此时会在所选图元外围出现虚线框,并在中心位置显示旋转中心符号。用户可以通过单击来选择旋转的起点和终点,从而达到旋转的效果,如图 3-11 所示。

在单击旋转命令后,若旋转中心不是所需的中心,可以单击旋转中心符号,指定新的旋转中心,再依次指定旋转起点和终点来旋转图元,如图 3-12 所示。

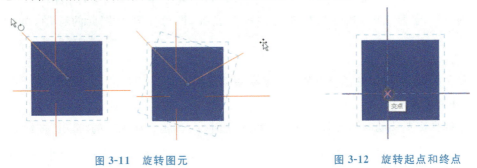

图 3-11　旋转图元　　　　　　　　　　　　图 3-12　旋转起点和终点

在旋转之前,也可直接在选项栏设置旋转角度,如图 3-13 所示,按下 Enter 键后即可自动旋转到指定的角度位置,当输入的角度值为正数时,图元沿逆时针旋转;当输入的角度值为负数时,图元沿顺时针旋转。

图 3-13　设置旋转角度

4. 缩放

缩放工具可以按比例对图元的大小进行调整。缩放工具适用于线、墙、图像以及导入的 DWG 文件和 DXF 文件。

选中需要缩放的图元,在激活的"修改"选项卡下单击"缩放"按钮图标，在选项栏中选择缩放方式:图形方式或数值方式。当选择图形方式进行缩放时,在图元上选取一个点作为缩放中心,再依次点取缩放的起点和终点,以完成对图元的缩放操作,如图 3-14 所示。当选择数值方式进行缩放时,同样先在图元上点取一个点作为缩放中心点,再在选项栏中的"比例"输入框中输入缩放比例值,并按 Enter 键完成缩放操作,如图 3-15 所示。当比例值小于 1 时,图元缩小;当比例值大于 1 时,图元放大。

图 3-14 缩放图元　　　　　　　　　图 3-15 缩放比例

3.2.2 复制图元

在 Revit 中,可以借助复制类工具,在已有图元的基础上生成类似或相同的图元,从而提高建模效率。复制类的工具主要有复制、偏移、镜像和阵列。

1. 复制

复制工具用于生成与多个已有图元相同的图元,多个图元的位置没有规律性。选中某个图元后,在激活的"修改"选项卡中单击"复制"按钮⤷,然后在对应视图上选择一点作为复制的基准点,再点选一点作为目标点或直接输入复制的图元距原图元的距离,按 Enter 键确定即可。

此外,在复制图元时,勾选选项栏中的"约束"时,可以限定只能在水平方向或垂直方向复制图元;勾选选项栏中的"多个"时,可以连续多次进行复制。

2. 偏移

利用偏移工具可以将选定的图元(如线、墙、梁等)复制或移动到其长度垂直方向上的指定距离处。偏移的方式有两种:图形方式和数值方式。

(1)图形方式

选择要偏移的对象后,单击"偏移"图标⤶,在选项栏中选择"图形方式",并勾选"复制"功能,然后指定一个点作为偏移的基点,再点取目标点作为偏移的终点,或直接输入偏移距离即可。

(2)数值方式

数值方式是先设置偏移距离,再选取要偏移的对象。首先在"修改"选项卡中单击"偏移"按钮图标⤶,然后在选项栏中选择"数值方式",在输入框中输入偏移距离的数值,并勾选"复制"功能,此时,将光标移动到要偏移的图元两侧,系统将在要偏移的方向上显示一条偏移的虚线。确认偏移方向后单击,即可完成偏移操作。

3. 镜像

镜像工具可用来绘制具有相同结构或具有对称性特点的图元。镜像的方式有两种:拾取轴镜像和绘制轴镜像。

(1)拾取轴镜像

选中要镜像的图元后,在激活的"修改"选项卡中单击"镜像-拾取轴"按钮图标⎗,然后在视图中拾取一条轴线作为镜像轴,即可完成镜像操作,如图 3-16 所示。

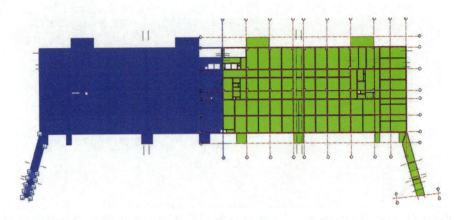

图 3-16　拾取轴镜像

（2）绘制轴镜像

选中要镜像的图元后，在激活的"修改"选项卡中单击"镜像-绘制轴"按钮图标，然后在视图中绘制一条轴线作为镜像轴，即可完成镜像操作。

4.阵列

利用阵列工具可以按照线性或径向的方式生成多个相同的图元，从而减少大量重复性的建模操作，提高建模效率。

选中需要阵列的图元，在激活的"修改"选项卡中单击"阵列"图标，此时可以通过两种方式进行阵列操作：线性阵列和径向阵列。

（1）线性阵列

在选项栏中单击"线性"图标，设置阵列的项目数，在"移动到"后的选项中选择"第二个"或"最后一个"，依次指定阵列的起点和终点，从而完成阵列操作，如图 3-17 所示。

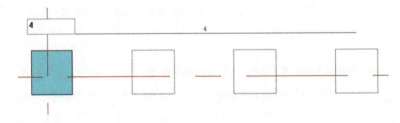

图 3-17　线性阵列

（2）径向阵列

在选项栏中单击"径向"图标，设置阵列的项目数，在"移动到"后的选项中选择"第二个"或"最后一个"，单击图元上的中心点，拾取新的点作为径向阵列的圆心点，依次指定阵列的起点和终点，从而完成阵列操作，如图 3-18 所示。

径向阵列时，选取完阵列的圆心点后，也可以在选项栏中的"角度"输入框内直接输入阵列的角度值，如图 3-19 所示，并按 Enter 键，即可完成径向阵列。

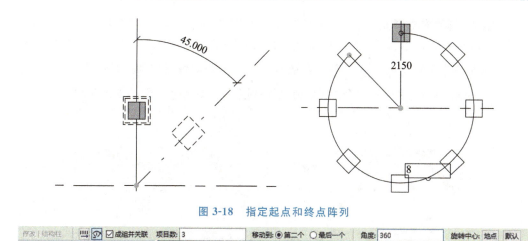

图 3-18　指定起点和终点阵列

图 3-19　指定角度阵列

3.2.3　修剪图元

在完成某些图元的绘制后,往往需要对所绘制的图元进行进一步编辑,以使之能在角点位置封闭或多个图元能连接在一起,从而满足实际需要,这些编辑工作可以通过修剪图元工具来完成。修剪图元工具包括修剪/延伸和拆分。

1. 修剪/延伸

修剪/延伸是将已有图元在其交点或延长线交点处进行修剪,最终形成相交的角,包括三种方法:修剪/延伸为角、修剪/延伸单个图元、修剪/延伸多个图元。

(1)修剪/延伸为角

在"修改"选项卡中单击"修剪/延伸为角"图标，再依次在视图中单击需要修剪/延伸的两个图元,即可将两个图元修剪/延伸为相交的角,如图 3-20 所示。

图 3-20　修剪/延伸为角

(2)修剪/延伸单个图元

修剪/延伸单个图元可以将某个图元修剪/延伸到另一个图元的边界上。在"修改"选项卡中单击"修剪/延伸单个图元"图标，再依次在视图中单击需要修剪/延伸的两个图元,即可将第一个图元修剪/延伸到第二个图元的边界上,如图 3-21 所示。

图 3-21　修剪/延伸单个图元

（3）修剪/延伸多个图元

修剪/延伸多个图元可以将多个图元修剪/延伸到某个图元的边界上。在"修改"选项卡中单击"修剪/延伸多个图元"图标 ，再依次在视图中单击需要修剪/延伸到的图元和需要被修剪/延伸的多个图元，即可将所选的几个图元修剪/延伸到第一个图元的边界上，如图 3-22所示。

图 3-22　修剪/延伸多个图元

2. 拆分

拆分可以将一个图元拆分成两个单独的图元，也可以指定拆分出来的两个图元之间的间距，包括拆分图元和用间隙拆分两种方法。

（1）拆分图元

在"修改"选项卡中单击"拆分图元"图标 ，再在对应视图中需要拆分的图元的拆分点处单击，即可将其拆分为两个单独的部分，如图 3-23 所示。

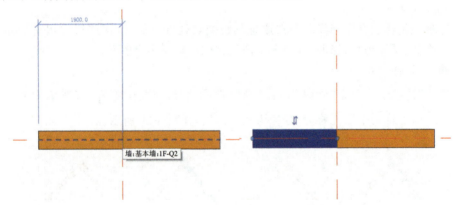

图 3-23　拆分图元

如需将某个图元中间的一部分删除，则可勾选选项栏上的"删除内部线段"，并在需要删除的部分两端依次单击即可，如图 3-24 所示。

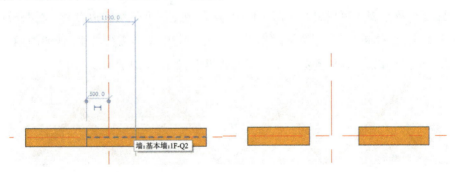

图 3-24　删除内部线段

（2）用间隙拆分

在"修改"选项卡中单击"用间隙拆分"图标 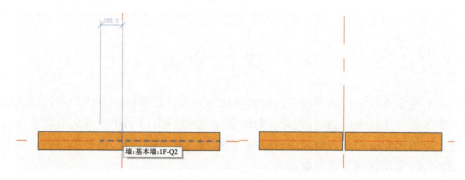，在选项栏中的"连接间隙"输入框中输入要设置的间隙值，再在对应视图中需要拆分的图元的拆分点处单击，即可将其拆分为两个单独的部分，且两部分间的距离为所设置的间隙宽度，如图 3-25 所示。

图 3-25　间隙拆分

第4章 族

4.1 族的编辑

族是一个包含通用属性集和相关图形表示的图元组。属于同一个族的不同图元的部分参数或全部参数可能有不同的值,但是参数的集合是相同的。Revit 中的所有图元都是基于族的。每个族图元能够在其内定义多种类型,根据族创建者的设计,每种类型可以具有不同的尺寸、形状、材质设置或其他参数变量。

在使用 Revit 进行项目建模时,如果事先拥有大量的参数化族文件,将对建模工作的进程和效益有很大的帮助。建模人员不必额外花时间去制作族文件并赋予参数,而是直接导入相应的族文件便可应用于项目中。

4.1.1 基本术语

Revit 中用来标识对象的大多数术语都是行业通用的标准术语。但是,一些针对族的术语对 Revit 来讲有其特定意义,了解这些术语对于了解族非常重要。

(1)项目

在 Revit 中,项目是单个设计信息数据库模型。项目文件包含了建筑的所有设计信息,这些信息包括用于设计模型的构件、项目视图和设计图纸。通过使用单个项目文件,用户可以轻松地修改设计,还可以使修改反映在所有关联区域中,只需要跟踪一个文件,就方便了项目的管理。

(2)族

族是组成项目的构件,同时是参数信息的载体。族根据参数属性集的共用、使用上的相同和图形表示的相似来对图元进行分组。一个族中不同图元的部分或全部属性可能有不同的值,但是属性的设置是相同的。例如,"门"作为一个族可以有不同的尺寸和材质。Revit 中包含系统族、可载入族、内建族三种族。

①系统族。影响项目环境且包含标高、轴网、图纸和视口类型的系统设置也是系统族。系统族是在 Revit 中预定义的族,包含基本建筑构件,如墙、窗和门。例如,基本墙系统族包含定义内墙、外墙、基础墙、常规墙和隔断墙样式的墙类型。它们不能作为外部文件载入或创建,也不能将其保存到项目之外的位置,但可以在项目和样板之间复制、粘贴或者传递系统族类型,也可以通过指定新参数定义新的族类型。

②可载入族。默认情况下,在项目样板中已载入标准构件族,但更多标准构件族存储在构件库中。使用族编辑器创建和修改构件,可以复制和修改现有构件族,也可以根据各种族样板创建新的构件族。

由于具有高度可自定义的特征,因此,可载入族是 Revit 中最经常创建和修改的族。与系统族不同,可载入族是在外部 RFA 文件中创建的,并可导入或载入项目中。对于包含许多类型的可载入族,可以创建和使用类型目录,以便只载入项目所需的类型。

③内建族。内建族是需要创建当前项目专有的独特构件时所创建的独特图元。在Revit中,可以创建内建几何图形,以便它可参照其他项目几何图形,使其在所参照的几何图形发生变化时进行相应大小调整和其他调整。创建内建图元时,Revit 将为该内建图元创建一个族,该族包含单个族类型。创建内建族时,可以选择类别,且使用的类别将决定构件在项目中的外观和显示控制。

(3)类别

类别是以建筑构件性质为基础,对建筑模型进行归类的一组图元。例如,Revit 包含的族类别有门、窗、梁、板、柱、家具、机械设备等。

(4)类型

族可以有多个类型。类型用于表示同一族的不同参数值。例如,某个"双扇平开门.rfa"包含 1200×2100、1500×2100、1800×2100 等类型。

(5)实例

放置在项目中的实际项(单个图元)。在建筑(模型实例)或图纸(注释实例)中都有特定的位置。

(6)图元

图元是建筑模型中的单个实际项。Revit 按照类别、族和类型对图元进行分类。

4.1.2　族编辑器

族编辑器是 Revit 中的一种图形编辑模式,能够创建并修改可载入到项目中的族,如图 4-1～图 4-3 所示。

图 4-1　族编辑器功能区

图 4-2　二维族编辑器

图 4-3　在位族编辑器

4.1.3　参照平面

在族的创建期间绘制的参照平面是否指定为项目的一个参照,这意味着可以对该族进行尺寸标注或对齐该族。

可以使用"参照平面"工具来绘制参照平面,以用作设计准则。参照平面在创建族时是一个非常重要的部分。参照平面的参照强度分为非参照、强参照、弱参照、左、中心(左/右)、右、前、中心(前/后)、后、底、中心(标高)、顶等项。

参照强度的作用主要体现在,族文件被载入项目中后,当使用"对齐"等命令时,参照强度将决定族的某些边线或中线能否被捕捉到以及被捕捉到的优先级别。越强的参照强度,被捕捉到的优先级别也就越高,反之则越低,而"非参照"则在项目中完全不会被捕捉到。

4.1.4 创建族的方式

在"创建"面板中集合了选择、属性、形状、模型、控件、连接件、基准、工作平面和族编辑器共九种基本常用功能。当开始创建族时,在编辑器中打开要使用的样板。该样板可以包括多个视图,如平面视图和立面视图。可以通过拉伸、放样、融和、旋转和放样融合等工具创建形体,如图 4-4 所示。

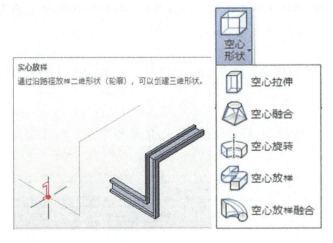

图 4-4　族创建工具

在创建模型族时,"创建"面板中有"控件"工具,该"控件"影响的是整个模型族在项目中的正交翻转和镜像翻转,如图 4-5 所示

图 4-5　模型控件

4.2　族　样　板

在 Revit 中创建族文件时,首先要选择族的样板,使用不同的样板创建的族有不同的特点,Revit 自带的族样板包括通用族样板和典型的 MEP 族样板。

4.2.1　通用族样板

在 Revit 中,可以单击"应用程序菜单"按钮 ![icon],选择"新建"—"族"选项,在打开的"新族-选择样板文件"对话框中选择一个样板文件。下面介绍几种比较通用的族样板。

①公制常规模型.rft。该族样板最常用,用它创建的族可以放置在项目的任何位置,不用依附于任何一个工作平面和实体表面。

②基于面的公制常规模型.rft。用该样板创建的族可以依附于任何工作平面和实体表面,但是它不能独立地放置到项目的绘图区域,必须依附于其他的实体。

③基于墙、天花板、楼板和屋顶的公制常规模型.rft。这些样板统称为基于实体的族样板。用它们创建的族一定要依附在某一个实体的表面上。例如,用基于墙的公制常规模型.rft创建的族,在项目中它只能依附在墙这个实体上,不能腾空放置,也不能放在天花板、楼板和屋顶的平面上。

④基于线的公制常规模型.rft。该样板用于创建详图族和模型族,与结构梁相似,这些族使用两次拾取放置。用它创建的族在使用上有类似于画线或风管的效果。

⑤公制轮廓-主体.rft。该样板用于画轮廓,轮廓被广泛应用于族的建模中,如"放样"命令。

⑥公制常规注释.rft。该样板用于创建注释族,如阀门、插座等族的粗略显示。和轮廓族一样,注释族也是二维族,在三维视图中是不可见的。

⑦公制详图项目.rft。该样板用于创建详图构件,建筑族使用得比较多,MEP 族也可以使用,其创建及使用方法和注释族基本类似。

4.2.2　MEP 族样板

Revit 族样板中自带了一些典型的 MEP 族样板,它们是基于"公制常规模型.rft"族样板,预设了族类别而产生的,如"公制卫浴装置.rft""公制照明设备.rft"等。

由于设置了不同的类别,因此会出现一些特殊的内建族参数。正确理解和设置 MEP 族类别以及它们对应的内建族参数才能够确保族的正常使用。

(1)"公制卫浴装置.rft"与"基于墙的公制卫浴装置.rft"

"公制卫浴装置.rft"与"基于墙的公制卫浴装置.rft"两个样板预设了"卫浴装置"族类别,都可以用来创建卫浴装置,区别在于是否基于墙。

在新建的空白样板文件中,单击"创建"选项卡"属性"面板中的"族类型"按钮,打开"族类型"对话框。在"机械"选项组中预设了类型参数 WFU、HWFU、CWFU,如图 4-6 所示。

其中,WFU 为排水当量(waste fixture unit),HWFU 为热水当量(hot waste fixture unit),CWFU 为冷水当量(cold waste fixture unit)。给排水工程师通常用当量来定义单个卫浴装置的流量,从而获得整个管路中的当量,而后考虑建筑物性质、卫浴装置同时使用系统等,再确定管路流量。因此,在创建卫浴装置族的时候,只需要给预定义的参数 WFU、HWFU、CWFU 赋值,并与相应的连续件中的流量参数进行关联即可。

(2)"照明设备"族样板

电气照明在人们日常生活和工作中是不可或缺的,在满足照明要求的基础上,如何正确选择节约电能的光源和灯具是非常重要的。在 Revit MEP 模块中,对于照明灯具需要进行特殊设置,在"族类型"对话框中可以设置照明设备的光损失系数和初始亮度等参数,如图 4-7 所示。

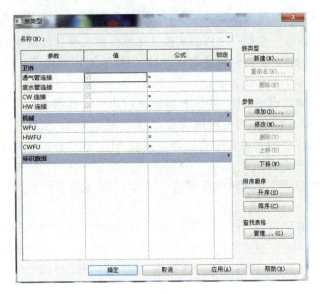

图 4-6 "族类型"对话框

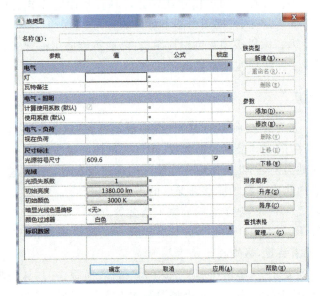

图 4-7 设置照明设备的参数

4.3 族类别和族参数

4.3.1 族类别

当选择"族样板"完成族的"新建"后,首先需设置族类别和族参数。单击功能区"创建"选项卡"属性"面板上的"族类别和族参数",打开"族类别和族参数"对话框,如图 4-8 所示。

该对话框的设置将决定族在项目中的工作特性。

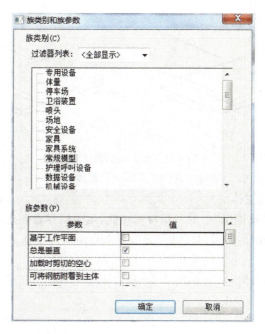

图 4-8 "族类别和族参数"对话框

4.3.2 族参数

选择不同的"族类别"可能会有不同的"族参数"显示。"常规模型"族是一个通用族,不带有任何特定族的特性,它只有形体的特征,以下是其中一些族参数的意义。

(1)基于工作平面

通常不勾选这个选项。如果勾选了"基于工作平面",即使选用了"公制常规模型.rft"样板创建的族,也只能放在某个工作平面或实体表面。

(2)总是垂直

对于勾选了"基于工作平面"的族和"基于面的公制常规模型"创建的族,如果勾选了"总是垂直",族将相对于水平面竖直,如果不勾选"总是垂直",族将垂直于某个工作平面,如图 4-9 所示。

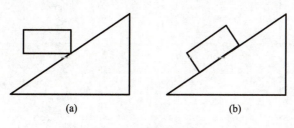

(a)   (b)

图 4-9 垂直对比图

(a)勾选"总是垂直";(b)不勾选"总是垂直"

(3)加载时剪切的空心

用户只要勾选了"加载时剪切的空心",那么在导入项目文件时,会同时附带可剪切的空心信息,而不勾选则会自动过滤空心信息,只保留实体模型,具体效果比较如图 4-10 所示。

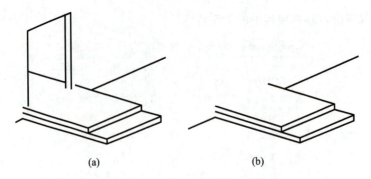

图 4-10　空心剪切对比图

(a)勾选"加载时剪切的空心";(b)不勾选"加载时剪切的空心"

（4）可将钢筋附着到主体

这是 Revit"公制常规模型"中的一项特殊功能,运用该样板创建的族,勾选此项,再载入结构项目中,剖切此族,用户就可以在这个族剖面上自由添加钢筋。

（5）部件类型

部件类型和族类别密切相关,在选择类别时,系统会自动匹配相对应的部件类型,用户一般不需要再次修改。

（6）共享

默认不勾选。如果勾选"共享"选项,当这个族作为嵌套族载入另一个主体族中,该主体族被载入项目中后,勾选"共享"选项的嵌套族也能在项目中被单独调用,实现共享。

（7）OmniClass 编号/标题

这两项用来记录美国用户使用的"OmniClass"标准,对于中国地区的族不用填写。

4.3.3　族类型和参数

1. 族类型

当设置完族类别和族参数后,单击"创建"选项卡"属性"面板上的"族类型"工具,打开"族类型"对话框对族类型和参数进行设置,如图 4-11 所示。

图 4-11　"族类型"对话框

族类型是在项目中可以看到的族的类型。一个族可以有多个类型,每个类型可以有不同的尺寸、形状,并且可以分别调用。单击"族类型"对话框中的"新建"按钮可以添加新的族类型,对已有的族类型还可以进行重命名和删除操作,如图 4-12 所示。

图 4-12　新建族类型

当创建族类型后,可以为族类型添加参数。族类型是由参数组合而成的,参数对于族很重要,正是因为有了参数来传递信息,族才具有强大的共享能力。

2. 添加参数

单击"族类型"对话框中的"添加"按钮,即可打开"参数属性"对话框,如图 4-13 所示。

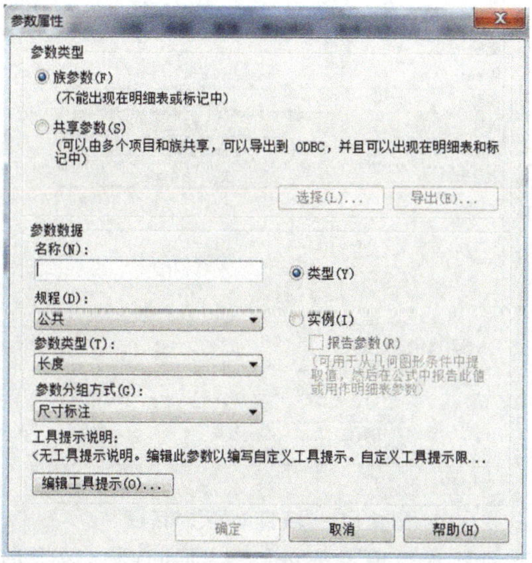

图 4-13　"参数属性"对话框

(1)"参数类型"选项组

在"参数属性"对话框中包括"参数类型"和"参数数据"两个选项组,其中"参数类型"选项组用来决定参数是否共享。

①族参数。参数类型为族参数的参数载入项目文件后,不能出现在明细表或者标记中。

②共享参数。参数类型为共享参数的参数可以由多个项目和族共享,载入项目文件后,可以出现在明细表和标记中。如果启用"共享参数"选项,则将在一个 TXT 文档中记录这个参数。

(2)"参数数据"选项组

"参数数据"选项组用来设置族参数中的具体参数属性。通过设置其中的各个选项参数,可以得到更为丰富的族类型。

①名称。用来设置参数名称,该参数名称可以任意输入,但在同一个族内,参数名称不能相同。其中,参数名称应区分大小写。

②规程。用来决定项目浏览器中视图的组织结构。在"规程"下拉列表中有 6 种规程,分别是公共、结构、HVAC、电气、管道、能量。其中,MEP 模块中最常用的规程有公共、HVAC、电气和管道。

不同的"规程"对应显示的"参数类型"是不同的。在项目中,可按"规程"分组设置项目单位的格式,如图 4-14 所示。因此,此处选择的"规程"选项也决定了族参数在项目中调用的单位格式。

图 4-14 "项目单位"对话框

③参数类型。参数类型是参数最重要的特性,不同的参数类型有不同的特点或单位。以"公共"规程为例,其参数类型的说明如图 4-15 所示。

名称	说明
文字	完全自定义，可用于收集唯一性的数据
整数	始终表示为整数的值
数目	用于收集各种数字数据，可通过公式定义，也可以是实数
长度	可用于设置图元或子构件的长度，可通过公式定义，这是默认的类型
区域	可用于设置图元或子构件的面积，可将公式用于此字段
体积	可用于设置图元或子构件的长度，可将公式用于此字段
角度	可用于设置图元或子构件的角度，可将公式用于此字段
坡度	可用于创建定义坡度的参数
货币	可以用于创建货币参数
网址	提供指向用户定义的URL的网络链接
材质	建立可在其中指定特定材质的参数
是/否	使用"是"或"否"定义参数，最常用于实例属性
族类型	用于嵌套构件，可在族载入到项目中后替换构件
分割的表面类型	建立可驱动分割表面构件（如面板和图案）的参数，可将公式用于此字段

图 4-15　参数类型说明

④参数分组方式。该选项定义了参数的组别，其作用是使参数在"族类型"对话框中按组分类显示，方便用户查找参数，该定义对于参数的特性没有任何影响。

⑤类型/实例选项。用户可以根据族的使用习惯启用"类型"或"实例"选项，其说明如下。

a.类型。如果有同一个族的多个相同的类型被载入项目中，类型的值一旦被修改，所有的类型个体都会发生相应的变化。

b.实例。如果有同一个族的多个相同的类型被载入项目中，其中一个类型的实例参数的值一旦被修改，就只有当前被修改的这个类型的实体会发生相应变化，该族其他类型的这个实例参数的值仍然保持不变。在创建实例后，所有的参数名后将自动加上"默认"两字。

当参数生成后，不能修改参数的"规程"和"参数类型"选项，但可以修改"名称""参数分组方式"以及"类型"/"实例"选项。

4.4　有效公式的表达与缩写

在族的创建过程中，公式非常常用。合理地使用公式不但可以简化族、提高族的运行速度，还可以使族适用多个项目的应用。因此，在创建族的过程中，要想熟练运用公式，首先要了解族公式。图 4-16 提供了族编辑器中常用的公式。

- 加 - +
- 减 - -
- 乘 - *
- 除 - /
- 指数 - ^ : x^y, x 的 y 次方
- 对数 - log
- 平方根 - sqrt: sqrt(16)
- 正弦 - sin
- 余弦 - cos
- 正切 - tan
- 反正弦 - asin
- 反余弦 - acos

- 反正切 - atan
- e 的 x 方 - exp
- 绝对值 - abs

使用标准数学语法,可以在公式中输入整数值、小数值和分数值,如下例所示:

- Length = Height + Width + sqrt(Height*Width)
- Length = Wall 1 (11000mm)+ Wall 2 (15000mm)
- Area = Length (500mm) * Width (300mm)
- Volume = Length (500mm) * Width (300mm) * Height (800 mm)
- Width = 100m * cos(angle)
- x = 2*abs(a) + abs(b/2)
- ArrayNum = Length/Spacing

图 4-16　族编辑器中常用的公式

运用公式时,需避免循环使用,否则可能会出现警告。在族的建立过程中,基本上都会应用公式,将公式和条件语句有效地进行组合,族便可千变万化。

4.5　简单族的创建与修改

4.5.1　门族的创建

(1)新建族

在下拉程序菜单或族面板中单击"新建",如图 4-17 所示。

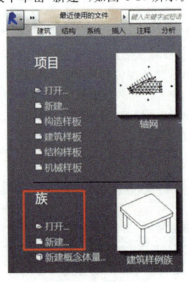

图 4-17　新建族

（2）选择样板文件

选取"公制门.rft"族样板，单击"打开"，如图 4-18 所示。

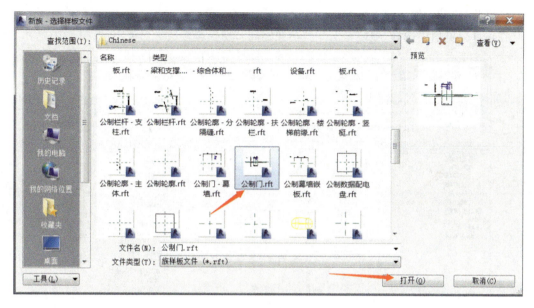

图 4-18 选择族样板

（3）设置族类别的族参数

单击"创建"选项卡"属性"面板中的"族类别和族参数"，其中，"族类别"选择"门"，将"族参数"中的"总是垂直"勾选，并将"共享"取消，如图 4-19 所示。

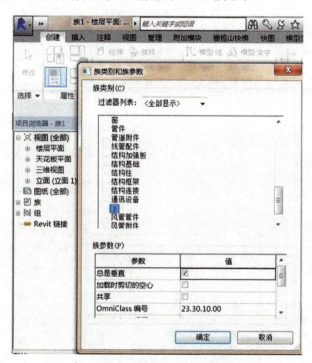

图 4-19 设置族类别和族参数

（4）保存族文件

单击快速访问工具栏的"保存"按钮，选择保存路径，命名为"单扇平开门"，单击"保存"。

（5）创建拉伸实体

在项目浏览器中选择"楼层平面"—"参照标高"，切换至楼层平面视图，如图 4-20 所示。

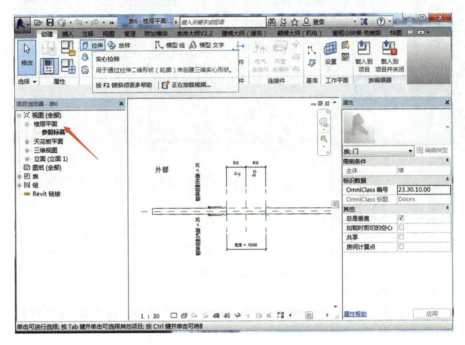

图 4-20　楼层平面视图

单击"创建"选项卡"工作平面"面板上的"设置"按钮，设置参照平面，这里的内部和外部可以任意选择，选择墙的中心线为拉伸的基准面，如图 4-21 所示。

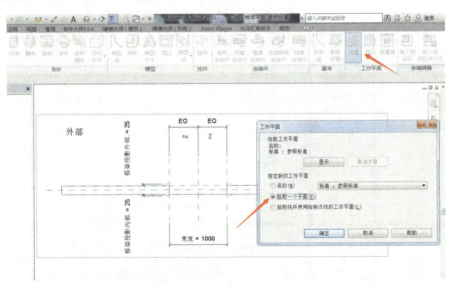

图 4-21　设置参照平面

单击"创建"选项卡"形状"面板中的"拉伸"命令，如图 4-22 所示。

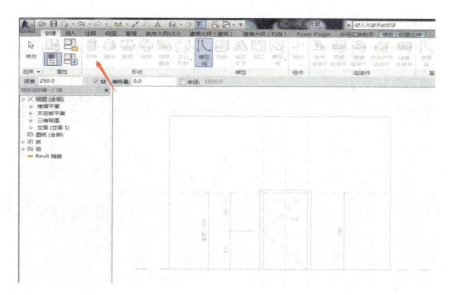

图 4-22　拉伸命令

使用"矩形框"工具,绘制图 4-23 所示的门面板,并锁定。

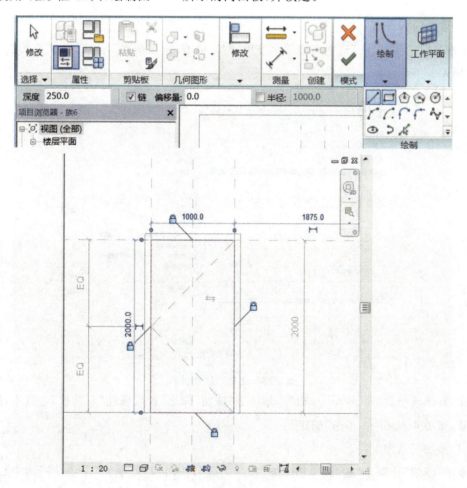

图 4-23　绘制门面板

设置拉伸起点和终点,即门板厚度。设置完成后,完成拉伸的编辑,如图 4-24 所示。

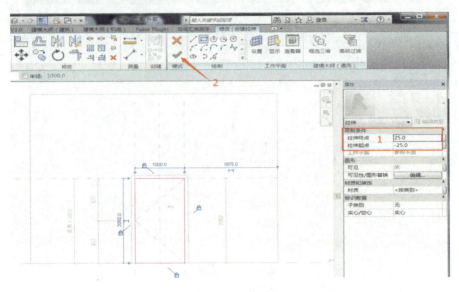

图 4-24　完成拉伸

(6)添加门板材质

单击属性栏中"材质"选项右边的小方块,然后单击"添加参数",弹出"关联族参数"对话框,如图 4-25 所示。

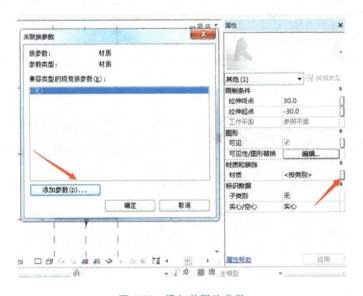

图 4-25　添加关联族参数

在"关联族参数"对话框中单出"添加参数"按钮,弹出"参数属性"对话框,在其中设置材质参数,如图 4-26 所示,单击"确定"。

(7)添加门板厚度

单击"创建"选项卡"基准"面板中的"参照平面",使用"参照平面"命令在墙的中心线两边绘制两段参照平面,如图 4-27 所示。

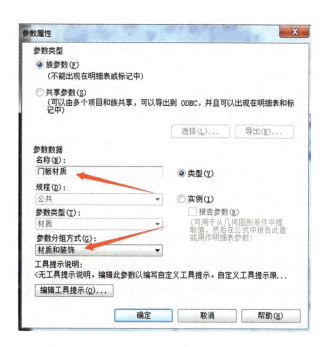

图 4-26　设置材质参数

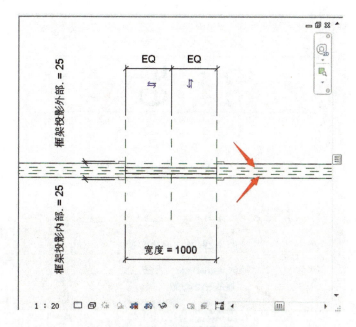

图 4-27　绘制参照平面

使用"注释"选项卡上的"对齐"命令依次标注尺寸,如图 4-28 所示。(注意:这里标注的尺寸是刚绘制的参照平面和中心平面。)

选中多段的尺寸标注,单击右边的"EQ"命令,将其平分,如图 4-29 所示。

选中另外一个尺寸标注,在选项栏上的"标签"下拉菜单选中"添加参数",如图 4-30所示。

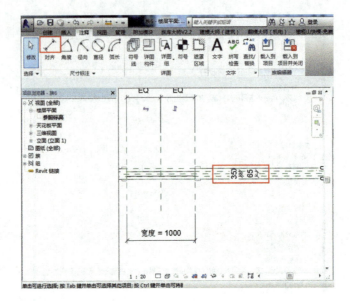

图 4-28　标注尺寸

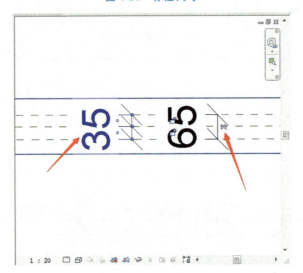

图 4-29　EQ 平分命令

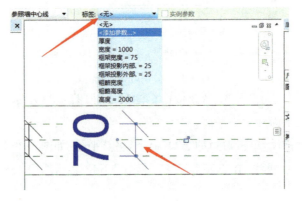

图 4-30　添加参数

在弹出的"参数属性"对话框中设置门板厚度参数,完成后单击"确定"按钮,如图 4-31 所示。

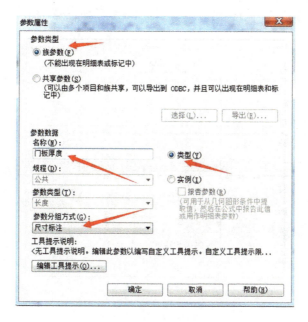

图 4-31　设置门板厚度参数

回到参照标高平面,选中门板拉伸体,如图 4-32 所示。拖动上、下的拉伸箭头,分别将上箭头与中心线上平面对齐并锁定,下箭头与下平面对齐并锁定,如图 4-33 所示。

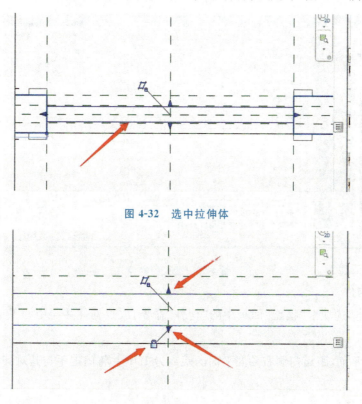

图 4-32　选中拉伸体

图 4-33　锁定参照平面

此时,可以先进行参数的调试,目的是测试刚添加的参数是否正确。单击"族类型",将门板厚度设置为 50,若拉伸的门板变为 50,则说明参数添加正确,如图 4-34 所示。

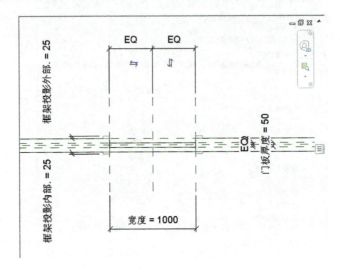

图 4-34　测试参数

(8)添加门把手

单击"插入"选项卡上的"载入族"命令,浏览文件,找到并选择"门锁 3.rfa",如图 4-35 所示,单击"打开",载入族。

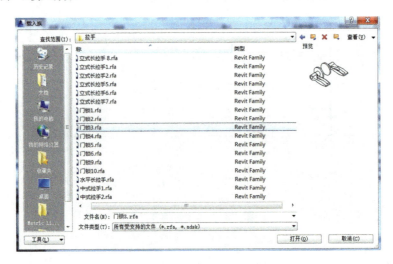

图 4-35　载入门构件

(9)放置构件

单击"创建"选项卡"模型"面板中的"构件"命令,放置构件并与中心平面对齐锁定,如图 4-36 所示。

绘制参照平面,距离门洞右参照平面的距离为 150,并将门把手与其对齐锁定,如图 4-37 所示。

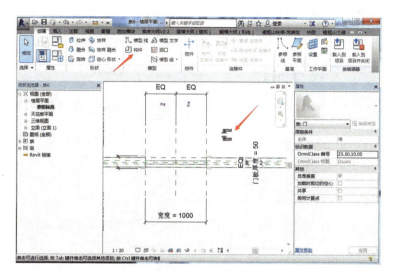

图 4-36　放置构件

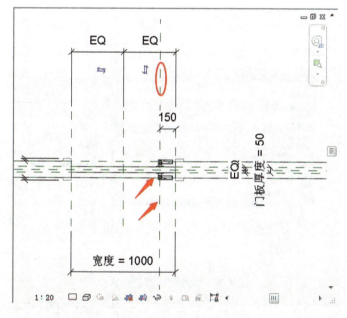

图 4-37　对齐门把手

选中门把手,切换方向,或按空格键切换方向,在属性栏中设置其偏移量为 1100,如图 4-38 所示。

(10)关联参数

使把手的距离与门厚度关联,如图 4-39 所示,完成后单击"确定"。这里不能用注释添加参数的命令,因为把手是载入的族,需要修改它的内置参数。

(11)设置可见性

选中门板和把手,修改门板和把手的可见性,使其在平面视图中不可见,如图 4-40 所示。

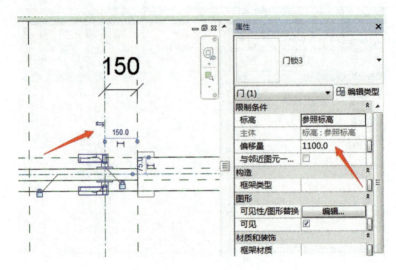

图 4-38　设置门把手高度

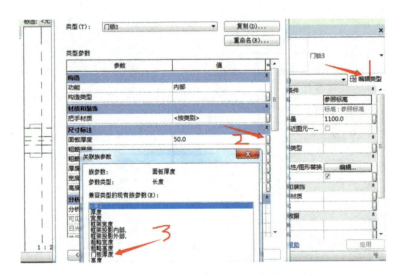

图 4-39　关联门板厚度参数

图 4-40　设置可见性

（12）绘制门的二维表达

切换到"参照标高"楼层平面,在选项卡上单击"符号线",使用"矩形"工具绘制门在施工图中的表现形式,并锁定,如图 4-41 所示。

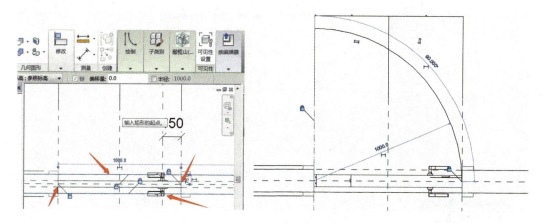

图 4-41　绘制门的二维表达

同时,使之与门宽产生关联,如图 4-42 所示。至此,完成了一个简单的门族的创建。

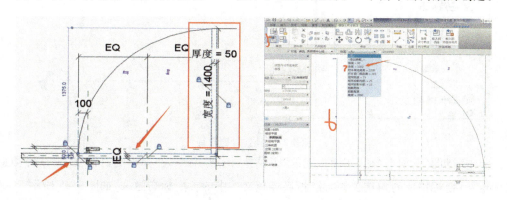

图 4-42　关联门宽

4.5.2　创建管件族

管件是管线连接中必不可少的附件,是将管子连接成管路的零件。根据连接方法的不同,管件可分为承插式管件、曲弹双熔管件、螺纹管件、法兰管件和焊接管件。其多用与管子相同的材料制成,有弯头(肘管)、三通管、四通管(十字头)和异径管(大小头)等。弯头用于管道转弯的地方,三通管用于三根管子汇集的地方,四通管用于四根管子汇集的地方,异径管用于不同管径的两根管子相连接的地方。这里主要以创建弯头族为例进行讲解。

1.选择样板

单击"应用程序菜单"下拉菜单,打开"新建"中的"族"命令,弹出"新族-选择样板文件"对话框,选取"公制常规模型.rfa"作为族样板文件,如图 4-43 所示。

从项目浏览器中进入立面的前视图,选择参照平面,单击"修改标高"选项卡下的"锁定"命令,将参照平面锁定,防止参照平面出现意外移动,如图 4-44 所示。

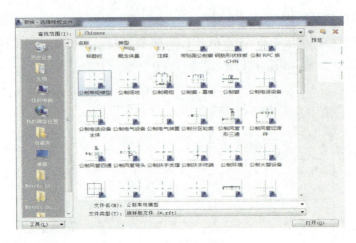

图 4-43 选择样板文件

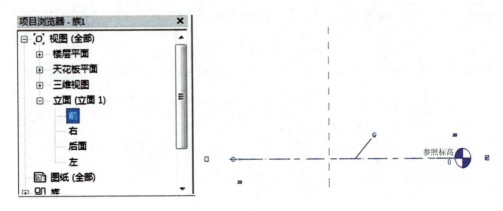

图 4-44 锁定参照平面

单击"视图"选项卡"图形"面板上的"可见性/图形"命令,在弹出的对话框中"注释类别"选项卡下,把标高前的勾选去掉,此时,族样板文件中的参照标高隐藏,如图 4-45 所示。

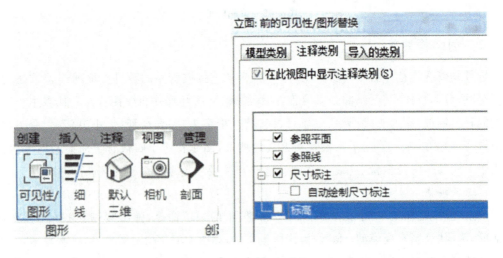

图 4-45 隐藏标高

2.设置族类别和族参数

设置族类别和族参数并新建族类型,如图 4-46 所示。

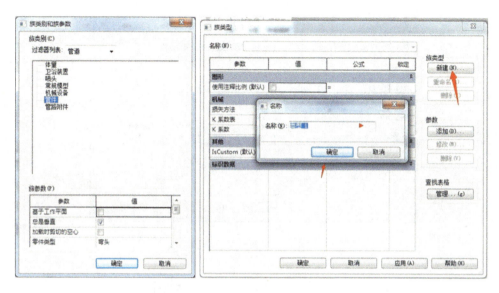

图 4-46 设置族类别和族参数

添加"弯头半径""距离""转弯半径""角度"等参数,如图 4-47 所示。(注:这里的参数都是实例参数。)

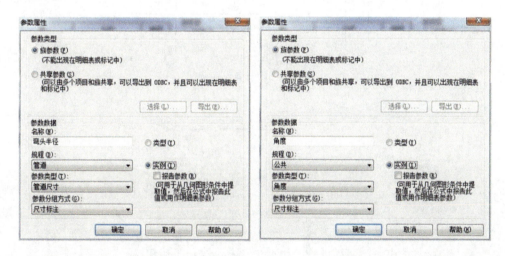

图 4-47 添加参数

添加公式与数值,如图 4-48 所示。

3.绘制参照平面

在参照平面第二象限内绘制两个参照平面。对参照平面进行标注,并添加实例参数,如图 4-49 所示。

使用参照线的"圆心-端点弧"命令绘制圆弧,选中圆弧,在属性栏中勾选"中心标记可见",并使用"对齐"命令将圆心和一边的端点锁定,如图 4-50 所示。

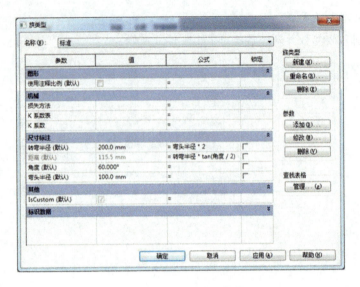

图 4-48　添加公式和数值

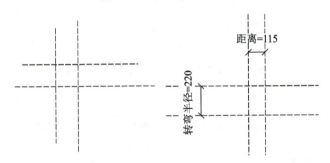

图 4-49　绘制参照平面

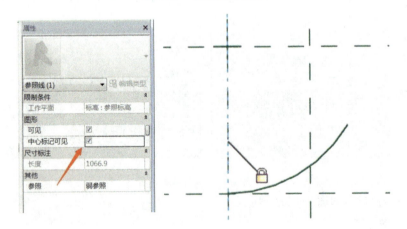

图 4-50　锁定圆心

　　单击圆弧,将临时尺寸标注改为永久性标注,并关联"转弯半径"与"角度"实例参数,如图 4-51 所示。

　　4.创建实体放样

　　单击"创建"选项卡"形状"面板下的"实体放样",选择"拾取路径"工具,然后捕抓参照线,单击"√"完成编辑模式。单击"编辑轮廓"进入立面左视图,选择"圆形线性"工具,基于路径中点绘制放样轮廓,进行尺寸标注并关联"弯头半径"参数,即完成实体放样,如图 4-52 所示。

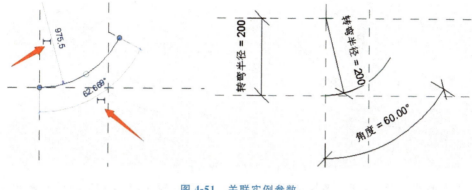

图 4-51　关联实例参数

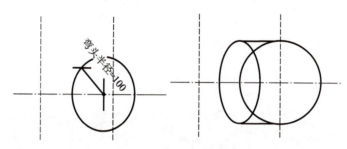

图 4-52　实体放样

进入"楼层平面"的"参照标高"视图,选中放样实体,在弹出的"族图元可见性设置"对话框中将"详细程度"设置为粗略、中等不可见,如图 4-53 所示。

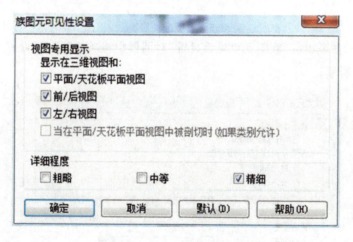

图 4-53　设置放样实体可见性

5.模型图纸表达

单击"创建"选项卡"模型"面板下的"模型线"工具,选择"拾取线"工具,单击参照线,并将其锁定。使用"对齐"命令将左边的端点锁定,如图 4-54 所示。

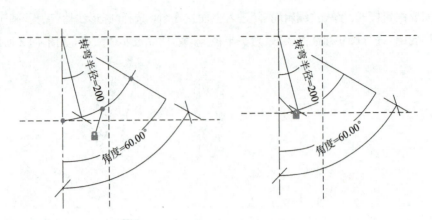

图 4-54　绘制并锁定模型线

单击模型线激活"角度",将临时尺寸标注改为永久性标注,并关联"角度"实例参数,如图 4-55 所示。

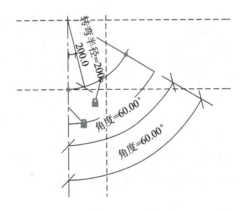

图 4-55　模型线关联参数

选中模型线,在弹出的"族图元可见性设置"对话框中将"详细程度"设置为中等、精细不可见,如图 4-56 所示。

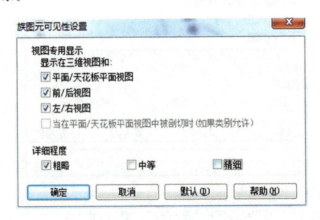

图 4-56　设置模型线可见性

使用"过滤器"工具,将其"参照平面""线""参照线"改为"非参照",如图 4-57 所示。

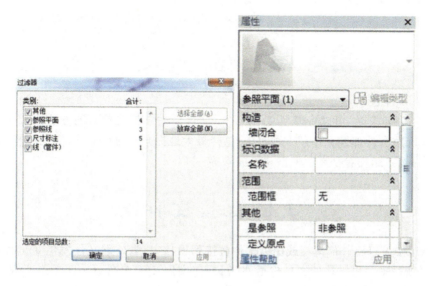

图 4-57　设置参照

6.添加连接件

进入三维视图,单击"创建"选项卡"连接件"面板中的"管道连接件"命令,将系统类型改为"管件"。在"实例属性"中将"圆形连接大小"选择为"半径",然后选择弯头,并将"半径""角度"与"弯头半径""角度"参数关联起来。设定好后,单击"确定"按钮。选择连接件,单击"链接连接件",选择另一个连接件,完成链接,如图 4-58 所示。

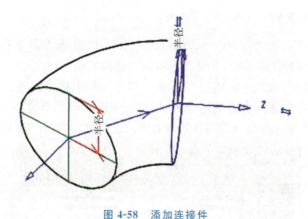

图 4-58　添加连接件

第5章　插 入 管 理

在 Revit 中建模时,可以将模型文件或图纸文件通过链接或导入的方法插入界面里,同时可以将系统族和外部族文件载入项目中,这样极大地提升了建模效率,方便将模型和图纸进行对照检查,并能查看全专业模型建模成果等。

5.1　链 接 文 件

在 Revit 中可以将外部模型或图纸文件链接到项目中,当外部文件发生变化时,链接文件也可以更新过来。可链接的文件包括外部 Revit 文件、IFC 文件、CAD 文件、DWF 标记文件、贴花以及点云文件,如图 5-1 所示。

图 5-1　链接面板

5.1.1　链接 Revit 文件

链接 Revit 文件可以将外部 Revit 文件链接到项目中,集成为多专业的模型,以便查看整体模型的效果;或作为外部参照,方便当前项目的建模工作。

单击"插入"选项卡下的"链接 Revit",在弹出的对话框中选择需要链接进来的 Revit 文件,在"定位"下拉列表中选择合适的定位方式,如图 5-2 所示。当选择"自动-原点到原点"时,导入的 Revit 文件原点将与当前项目原点对齐。最后单击"打开"按钮即可将 Revit 文件链接到当前项目中,链接后的效果如图 5-3 所示。

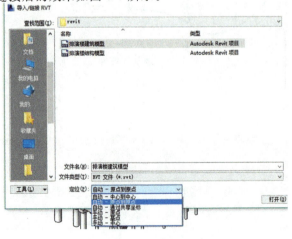

图 5-2　链接 Revit 文件对话框

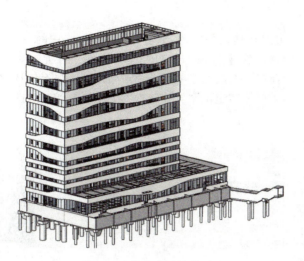

图 5-3　多专业链接模型

5.1.2　链接 CAD 文件

链接 CAD 文件可以将 CAD 文件链接到项目中作为底图,方便一边对照图纸一边建模。链接 CAD 图纸分为两个步骤:分割 CAD 图纸和链接 CAD。

1.分割 CAD 图纸

若单个专业所有图纸都在一个 CAD 文件中,则需在 CAD 软件中将图纸进行分割,分割成单张图纸后再链接到 Revit 中。

用 CAD 软件打开 CAD 图纸,将所需要的单张图纸缩放到合适的窗口大小,框选所需要的单张图纸,按"W"键,然后按 Enter 键或空格键,在弹出的对话框中依次设置"源""对象""文件名和路径""插入单位"对应的信息,单击"确定",即将所需的图纸分割成了单张 CAD 图,如图 5-4 所示。

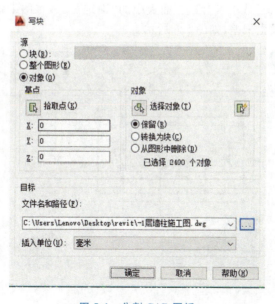

图 5-4　分割 CAD 图纸

2. 链接 CAD

在 Revit 中将视图切换到所需的视图，单击"插入"选项卡中的"链接 CAD"，在弹出的对话框（图 5-5）中选择从 CAD 软件中写块出来的 CAD 文件。若所链接的 CAD 只需在当前视图中可见，则勾选"仅当前视图"，若需要在所有视图都可见，则不勾选此选项。再依次设置"颜色""图层/标高""导入单位""定位""放置于"对应的选项，单击"打开"即可将 CAD 文件链接到项目中。

图 5-5　"链接 CAD 格式"对话框

链接完后，如在视图中看不到所链接的 CAD 文件，可双击鼠标滚轮将窗口缩放至全部显示。然后单击选择链接进来的 CAD 文件，在激活的"修改"选项卡"修改"面板中单击"解锁"图标 ，再通过"移动"工具将 CAD 图纸移动到项目对应的位置定位，最后选中定位好的 CAD 图纸，单击"修改"选项卡"修改"面板中的"锁定"工具将图纸锁定，以避免因后续操作失误导致图纸位置发生偏差，如图 5-6 所示。

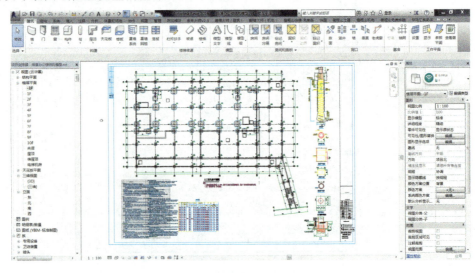

图 5-6　对齐位置

5.2　管理链接

链接的 Revit 文件、CAD 文件等都可以在链接管理器中统一管理。

单击"插入"选项卡"链接"面板中的"管理链接",打开"管理链接"对话框,如图 5-7 所示。

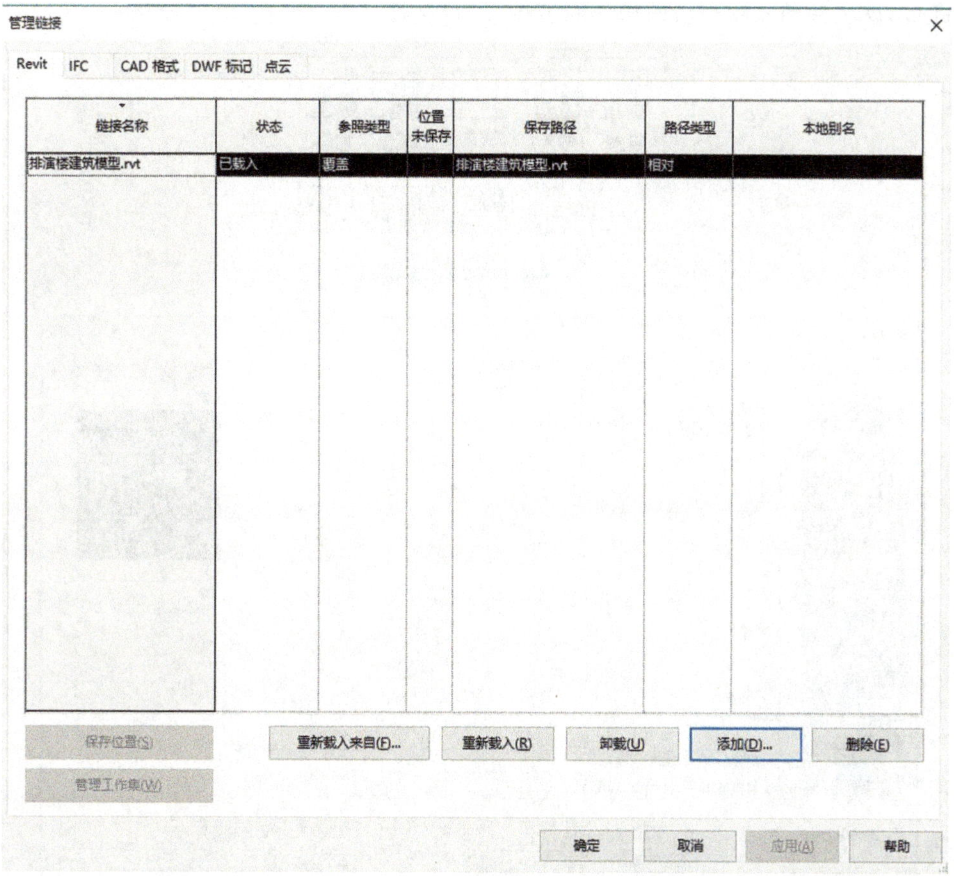

图 5-7　"管理链接"对话框

选择要操作的链接的类型(Revit、IFC、CAD 格式等),再选择需要管理的链接。选择"重新载入来自",可以重新载入新位置的链接文件覆盖当前选中的链接文件;当载入的链接文件改变后,可以通过点击"重新载入"刷新所选的链接文件;"卸载"可以将选中的链接文件从项目视图中删除;"添加"可以载入新的链接文件;"删除"可以将选中的链接名称从列表中删除。

5.3　导入文件

在 Revit 中还可以直接将外部文件导入项目中,采用导入文件时,当外部文件发生变化后,导入文件无法更新过来。可导入的文件包括外部 CAD 文件、gbXML 文件、其他项目的视图或二维图元以及图像。本节以导入 CAD 文件为例讲解在 Revit 中导入外部文件的操作方法。

从 CAD 软件中将所需图纸分割出来后,在 Revit 中将视图切换到对应的视图,单击"插入"选项卡"导入"面板(图 5-8)中的"导入 CAD",在弹出的对话框(图 5-9)中选择从 CAD 软件中写块出来的 CAD 文件。若所导入的 CAD 只需在当前视图中可见,则勾选"仅当前视图",若需要在所有视图都可见,则不勾选此选项。再依次设置"颜色""图层/标高""导入单位""定位""放置于"对应的选项,单击"打开"即可将 CAD 文件导入项目中。

将 CAD 文件导入项目后的操作同链接 CAD 文件。

图 5-8 "导入"面板

图 5-9 "导入 CAD 格式"对话框

5.4 载 入 族

族是创建 Revit 模型的基础,Revit 中的所有图元都是以族的形式存在的,当项目中没有所需要的族时,需要从外部载入对应的族文件。

单击"插入"选项卡"从库中载入"面板中的"载入族",在弹出的对话框(图 5-10)中选择需要载入的族文件,单击"打开"即可将族文件载入项目中使用。所载入的族文件在项目浏览器的"族"列表下均可以浏览,如图 5-11 所示。

图 5-10　"载入族"对话框

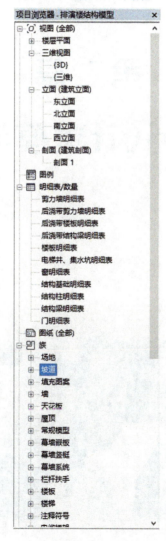

图 5-11　"族"列表

第二篇
建筑结构Revit建模与工程应用

第6章 案例项目简介

从本章开始,将以实际案例工程为例来讲解用 Revit 进行实际项目建模的操作方法。本章重点对案例项目的情况进行介绍,第 7 章和第 8 章分别从结构和建筑两个专业来讲解 Revit 中各功能命令的作用及操作方法。

6.1 项 目 概 况

工程名称:××省歌舞剧院建设项目——排演办公楼。

项目地址:××市××湖先导区。

工程主要用途:办公综合体。

建筑面积:地上建筑面积为 13014.04m²,地下建筑面积为 2322.77m²,总建筑面积为 15336.81m²。

结构形式:框架-剪力墙结构。结构安全等级为二级,抗震设防烈度为 6 度,框架抗震等级为四级,剪力墙抗震等级为三级。

建筑高度:地下一层,地上十层,建筑高度为 49.90m。

6.2 建 模 要 求

①本项目土建部分要求分专业建模:建筑专业和结构专业单独建模。

②模型构件命名需规范、易懂,构件位置、尺寸需准确。

③构件包含材质信息,混凝土等级、材质内容设置准确。

6.3 项目主要图纸

本书重点以地下一层各模型构件的创建为例,介绍在 Revit 中创建各类别的构件的操作方法。所涉及图纸见教材附件。

第7章 结构专业建模

本章重点讲解结构专业模型的创建,主要包括结构柱、墙、梁、板、基础等图元。

7.1 标　　高

在 Revit 中,轴网与标高是建筑构件在立面图和平面图中定位的重要依据。平面图中,轴网作为墙的中心线定位;立面图中,标高决定墙体的高度;每一个窗户、门、阳台等构件的定位都与轴网、标高息息相关。

总的来说,标高用于反映建筑构件在高度方向上的定位情况,轴网用于反映平面上建筑构件的定位情况。在创建模型时,建议先创建标高,再创建轴网。

标高实际是在空间高度方向上相互平行的一组面,由标头和标高线组成。标头反映了标高的标头符号样式、标高值、标高名称等信息,标高线反映标高对象投影的位置和线型表现。

7.1.1　创建标高

下面以排演楼项目为例,介绍在 Revit 中创建标高的方法。

1. 新建项目

启动 Revit 2016,在"项目"模块下单击"新建"按钮,弹出"新建项目"对话框,如图 7-1 所示。单击"样板文件"下拉列表后方的"浏览",找到本案例自带的样板文件"云毕幕标准样板",如图 7-2 所示,单击"打开"即完成了新项目的创建。

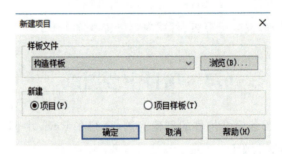

图 7-1　"新建项目"对话框

项目新建完成后,单击"快速访问工具栏"中的"保存"按钮,将项目文件保存到电脑中合适的位置,保存之前单击"选项"按钮,根据实际需要设置合理的备份数,如图 7-3 所示。

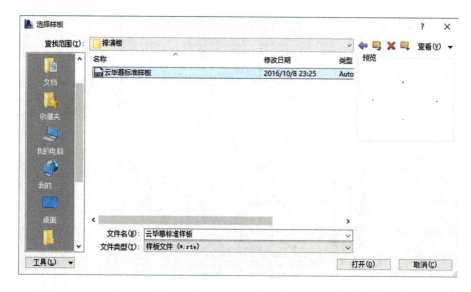

图 7-2　选择样板

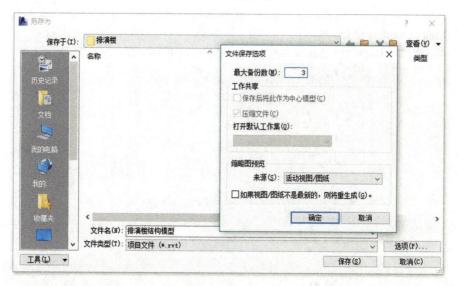

图 7-3　设置备份数

2.创建标高

本项目标高如图 7-4 所示。

从项目浏览器中将视图切换至立面视图（东、南、西、北或其他自定义的立面视图），在"建筑"或"结构"选项卡下的"基准"面板中选择"标高"。标高创建有 4 种方式：

①手动绘制标高（直接点取两点画水平直线创建）。

②拾取标高（拾取立面上现有的图元创建）。

③阵列标高（阵列，同 CAD 的阵列命令，创建多个标高）。

④复制标高（复制或多项复制，同 CAD 的复制命令）。

因本项目样板中已有两个标高，因此可以采取复制的方式创建其余标高。双击 2F 标高的标头，在弹出的对话框（图 7-5）中将标高数值改为"5.000"并确认，在激活的修改选项卡中

层号	标高(m)	层高(mm)	墙、柱混凝土	梁、板混凝土
梯屋顶	54.600			C30
电梯机房	51.600	3200	C35	C30
屋顶	49.800	1800	C35	C30
夹层	46.700	3100	C35	C30
10	43.000	3700	C35	C30
9	37.100	5900	C35	C30
8	31.200	5900	C35	C30
7	25.300	5900	C35	C30
6	20.400	4900	C35	C30
5	15.500	4900	C35	C35
4	12.000	3500	C40	C35
3	8.500	3500	C40	C35
2	5.000	3500	C40	C35
1	±0.000	5000	C45	C35
−1	−4.000	4000	C45	

约束边缘构件范围 底部加强区范围

图 7-4 项目结构标高值

单击"复制"按钮,勾选选项栏中的"约束"和"多个",在所选的标高线上单击一点作为复制的基点,将鼠标光标往上移动,如图 7-6 所示,按照楼层表的层高数值依次输入各层层高并按回车键(层高以 mm 为单位)。

一1F 标高可以利用 1F 标高进行复制,操作方法与上面相同。

图 7-5 "更改参数值"对话框

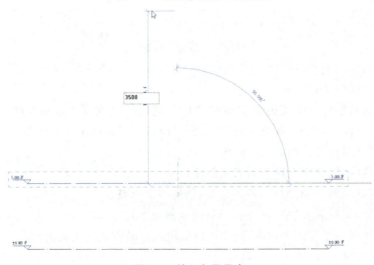

图 7-6 输入各层层高

7.1.2　编辑标高

双击 11F 的标高标头,在弹出的对话框中将标高名称值改为"夹层",如图 7-7 所示。其余标高的名称均采用此方法,将其修改成楼层表中对应的标高名称。

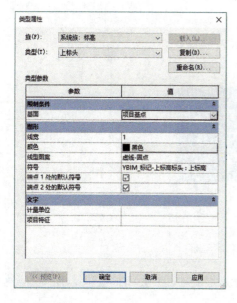

图 7-7　修改标高名称

选中某根标高线,点击属性栏中的"编辑类型",打开"类型属性"对话框,可以依次设置标高的线宽、颜色、线型图案、标头族类型、是否显示两端标头符号等类型属性信息,如图 7-8 所示。

单击标高线断点处并按住鼠标拖动,可以将标高线伸长或缩短;单击标高处"2D/3D"可以将标高在 2D 和 3D 之间切换,如果处于 2D 状态,则表明对标高所做的修改只影响本视图,不影响其他视图;如果处于 3D 状态,则表明所做修改会影响其他视图。

标高的其他符号及其含义如图 7-9 所示。最后创建的项目所有楼层标高如图 7-10 所示。

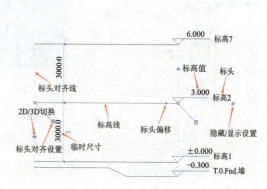

图 7-8　"类型属性"对话框　　　　　　　　　图 7-9　标高的符号及含义

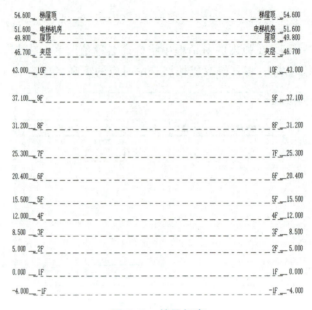

图 7-10　楼层标高

7.1.3　创建楼层平面

标高创建好后,需要手动创建新建的标高对应的楼层平面视图。

单击"视图"选项卡"创建"面板中的"平面视图"下拉符号,在下拉列表中选择"楼层平面",如图 7-11 所示,在弹出的对话框中选择所有新建的标高,单击"确定"按钮,如图 7-12 所示,此时在项目浏览器中的"楼层平面"下可以看到新创建好的平面视图,如图 7-13 所示。

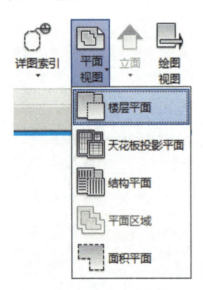

图 7-11　创建平面视图　　　　图 7-12　"新建楼层平面"对话框　　图 7-13　新创建好的平面视图

7.2　轴　　网

在 Revit 中,轴网对象是垂直标高平面的一组轴网面,它可以在相应的立面视图中生成正确的投影。轴网由轴线和轴网标头两部分构成。

7.2.1　创建轴网

从项目浏览器中将视图切换至－1F 楼层平面视图。轴网创建有 4 种方式:

①手动绘制轴网(利用轴网绘制工具手动绘制创建)。

②拾取轴网(拾取导入的 CAD 图纸上的轴网线条创建)。

③阵列轴网(利用已有轴线阵列生成多根轴线)。

④复制标高(利用复制功能复制已有轴线)。

根据本项目的特点,先导入 CAD 图纸,再直接拾取图纸上的轴网线创建轴网比较方便。

首先,将－1F 墙柱平面图从 AutoCAD 软件中单独写块分割出来(分割图纸的操作方法详参本书 4.1.2 节内容),并将此图纸导入 Revit 中的－1F 楼层平面(导入 CAD 图纸的方法详参本书 4.3 节内容),然后将导入的 CAD 图纸移动到四个立面符号中间位置,并锁定图纸,如图 7-14 所示。

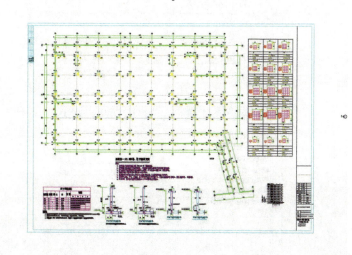

图 7-14　锁定 CAD 图纸

在"建筑"或"结构"选项卡下的"基准"面板中选择"轴网",单击"修改"选项卡"绘制"面板中的"拾取线"图标 ![图标]。将鼠标光标移动到导入的 CAD 图纸轴线上,当该条轴线高亮显示时,单击鼠标左键,即可拾取该条线段作为轴线。若存在其他线条与图纸轴线重合,可多次按下 Tab 键切换选择,直至轴线高亮显示时单击鼠标左键拾取,如图 7-15 所示。其余轴线的拾取方法均相同,利用拾取轴线可以完成所有轴线的创建。

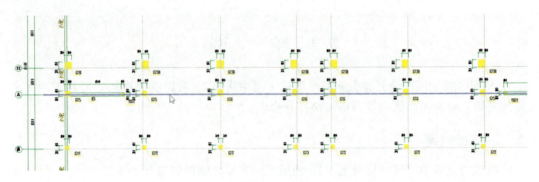

图 7-15　拾取轴网

Revit 会自动为每个轴网编号。要修改轴网编号,可选择轴线后单击轴线编号,输入新值,然后按回车键。当绘制轴线时,可以让各轴线的头部和尾部相互对齐。如果轴线是对齐的,则选择线时会出现一个锁头以表明对齐。如果移动某根轴线,则所有对齐的轴线都会随之移动。

7.2.2　编辑轴网

选中某根轴线,点击属性面板中的"编辑类型",打开"类型属性"对话框,可以依次设置轴网的标头族、轴线样式、线宽、颜色、是否显示两端标头符号等类型属性信息,如图 7-16所示。

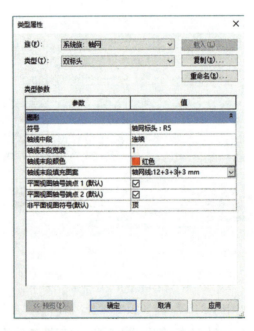

图 7-16　轴网"类型属性"对话框

单击轴线端点处并按住鼠标拖动,可以将轴线伸长或缩短;单击轴线处 2D/3D 可以将轴线在 2D 和 3D 之间切换,如果处于 2D 状态,则表明对轴线所做的修改只影响当前轴线,不影响其他轴线;如果处于 3D 状态,则表明修改一根轴线,其他轴线也会随之改变。

轴网的其他符号及其含义如图 7-17 所示。最后创建的项目轴网如图 7-18 所示。

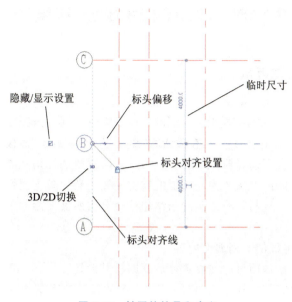

图 7-17　轴网的符号和含义

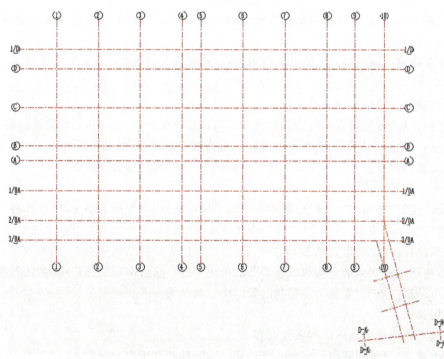

图 7-18　项目轴网

7.3　结　构　柱

本章 7.1 节和 7.2 节创建好了标高和轴网,确定了各构件定位的依据,从本节开始,将依次创建各模型构件。本节介绍结构柱的创建方法。

要创建结构柱,如项目中没有对应的结构柱族,则需从外部载入,载入族的操作参见本书 4.4 节内容。

7.3.1 结构柱的创建方法

1.垂直结构柱

①单击"建筑"选项卡"构建"面板中"柱"的下拉箭头,在下拉列表中选择"结构柱",或者单击"结构"选项卡"结构"面板中的"柱",在激活的"修改"选项卡"放置"面板中选择"垂直柱"。

②从属性栏中的"类型选择器"下拉列表中,选择所需要的结构柱类型,如列表中没有需要的类型,则通过载入族的方法载入所需要的结构柱族。然后单击属性栏中的"编辑类型",在弹出的对话框中单击"复制",将复制的新结构柱命名为所需要绘制的柱的名称,并修改其尺寸和结构材质。

③在选项栏上指定柱的下列属性内容。

放置后旋转:选择此选项可以在放置柱后立即将其旋转。

底部标高:为柱的底部选择标高(仅在三维视图放置柱时需选择底部标高;当在平面视图中放置时,该视图的标高即为柱的底部标高,因此不会出现此选项)。

深度/高度:此设置从柱的顶部向下绘制时,选择"深度";要从柱的底部向上绘制,则选择"高度"。

标高/未连接:选择柱的顶部标高;或者选择"未连接",然后在后面的输入框中输入柱的高度。

④在对应的位置单击以放置柱。

放置时可以捕捉到现有几何图形上的点。当柱放置在轴网交点时,两组网格线将亮显。

放置柱时,使用空格键可更改柱的方向。每次按空格键时,柱将发生旋转,以便与选定位置的相交轴网对齐。在不存在任何轴网的情况下,按空格键时会使柱旋转 90°。

2.倾斜结构柱

①单击"建筑"选项卡"构建"面板中"柱"的下拉箭头,在下拉列表中选择"结构柱",或者单击"结构"选项卡"结构"面板中的"柱",在激活的"修改"选项卡"放置"面板中选择"斜柱"。

②从属性栏中的"类型选择器"下拉列表中,选择所需要的结构柱类型,如列表中没有需要的类型,则通过载入族的方法载入所需要的结构柱族。然后单击属性栏中的"编辑类型",在弹出的对话框中单击"复制",将复制的新结构柱命名为所需要绘制的柱的名称,并修改其尺寸和结构材质。

③在选项栏上指定柱的下列属性内容。

第一次单击(仅平面视图放置时有此选项):选择柱起点所在的标高,并在文本框中指定柱端点自所选标高的偏移,也即指定斜柱的底标高。

第二次单击(仅平面视图放置时有此选项):选择柱端点所在的标高,并在文本框中指定柱端点自所选标高的偏移,也即指定斜柱的顶标高。

三维捕捉:如果希望柱的起点和终点之一或二者都捕捉到之前放置的结构图元,则可勾选"三维捕捉"。如果在剖面、立面或三维视图中进行放置,这是最准确的放置方法。

④在平面区域中单击,以指定斜柱的起点。

⑤再次单击,以指定斜柱的终点。

7.3.2　创建－1F 结构柱

下面创建排演楼项目－1F 的结构柱,此处以 D 轴/1 轴处 KZ8 为例,介绍－1F 结构柱的创建方法。

由于创建轴网时,已将－1F 墙柱平面图导入项目中,因此可以直接在导入的 CAD 图纸上创建结构柱。

1.绘制 D 轴/1 轴处 KZ8

①单击"建筑"选项卡"构建"面板中"柱"的下拉箭头,在下拉列表中选择"结构柱",或者单击"结构"选项卡"结构"面板中的"柱",在激活的"修改"选项卡"放置"面板中选择"垂直柱"。

②从属性栏中的"类型选择器"下拉列表中,选择"YBIM_现浇混凝土矩形柱_C30 500×500"的结构柱类型。单击属性栏中的"编辑类型",在弹出的对话框中单击"复制",将复制的新结构柱命名为"－1F_KZ8_800×800_C45",并将尺寸标注下的"h"和"b"的数值均改为"800",单击"确定"。

③单击属性栏中"结构材质"后方的输入框,并单击出现的设置材质图标█████,在弹出的"材质浏览器"中单击"新建材质",如图 7-19 所示,并在新建的材质上单击鼠标右键,选择"重命名",将材质名称改为"C45 现浇混凝土"。

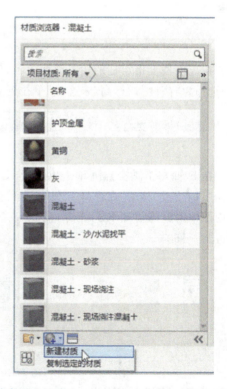

图 7-19　设置柱的类型和材质

如图 7-20 所示,选择新建的该材质,单击"打开/关闭资源浏览器",在打开的"资源浏览器"搜索框内输入"混凝土",在搜索的结果列表中找到"混凝土-现场浇注混凝土"并双击,即将该材质的外观属性赋予给了新建的"C45 现浇混凝土"材质。最后单击"确定",完成结构柱混凝土强度等级的设置。

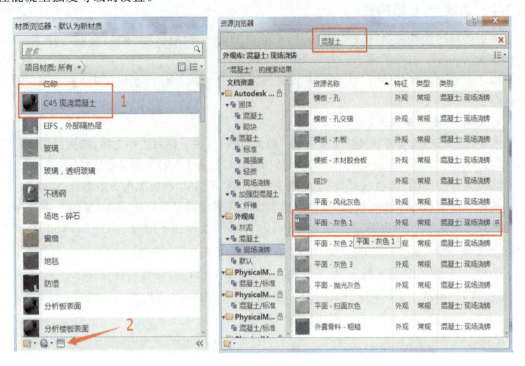

图 7-20   资源浏览器

④在选项栏上指定柱的相关属性内容,如图 7-21 所示,不勾选"放置后旋转";"深度/高度"处选择为"高度";"标高/未连接"下拉列表中选择标高为"1F"。

图 7-21   柱选项栏设置

⑤在 D 轴与 1 轴交点处单击以放置 KZ8。由于 KZ8 中心并不在两轴线交点上,因此,需要用"对齐"或"移动"命令将 KZ8 移动到正确的位置,如图 7-22 所示。另外,从人工挖孔桩平面图中可计算得知 KZ8 下基础顶标高为 -4.15m,选中 KZ8,在属性栏中将"底部偏移"值修改为 -150。

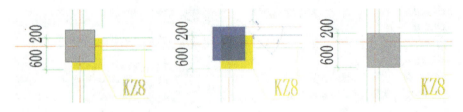

图 7-22   对齐结构柱

2. 创建 -1F 其他结构柱

-1F 其他部位结构柱的创建方法与此相同,对于同一楼层统一名称的柱,也可以用复制的方法将已绘制的同名称的实例复制到相应位置。最终 -1F 结构柱三维视图如图 7-23 所示。

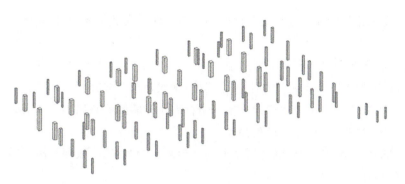

图 7-23　－1F 结构柱三维视图

7.4　墙

Revit 中的墙体是非常重要的内容,它不仅是建筑空间的分隔主体,也是门窗、墙饰体与分割线、卫浴灯具等设备的承载主体,在结构中更是主要受力构件。

墙体构造层设置及其材质设置,不仅影响着墙体在三维、透视和立面视图中的外观表现,更直接影响着后期施工图设计中墙体大样、节点详图等视图中墙体截面的显示。

墙也是 Revit 中最灵活、最复杂的建筑构件。在 Revit 中,墙体属于系统族,有基本墙、幕墙、叠层墙三种墙族可以根据指定的墙结构参数定义生成三维墙体模型。

7.4.1　墙体创建方法

在 Revit 中,建筑墙和结构墙的创建方法相似,一般方法是先定义好墙体的类型、墙厚、做法、材质、功能等,再指定墙体的平面位置、高度等参数,具体步骤如下。

①打开楼层平面视图或三维视图。

②单击"建筑"选项卡"构建"面板中"墙"下拉列表,选择"墙:建筑"。

③如果要放置的墙类型与"类型选择器"中显示的墙类型不同,则从下拉列表中选择其他类型。可以对属性栏中墙的一些实例属性进行修改,然后开始绘制墙。

④在图 7-24 所示墙选项栏中设置下列参数。

图 7-24　墙选项栏

标高:仅在三维视图中创建墙时有此选项。选择墙的底部标高,此标高可以选择为非楼层标高。

深度/高度:若当前楼层标高为墙的顶部标高,要向下创建墙体,则此处选择"深度"。若当前楼层标高为墙的底部标高,要向上创建墙体,则此处选择"高度"。

标高/未连接:在下拉列表中直接选择一个标高作为墙的标高以确定墙高;或者选择"未连接",并在后面的输入框中输入墙的高度。

定位线:选择在绘制时要将墙的哪个面与光标绘制的线对齐,或要将哪个面与将在绘图区域中选定的线或面对齐。

链:勾选此选项,可以绘制一系列连续相连的墙。

偏移量:输入一个距离,以指定墙的定位线与光标位置或选定的线或面之间的偏移。

⑤在"绘制"面板中,选择一个绘制工具绘制墙。

绘制墙:使用默认的"线"工具可通过在图形中指定起点和终点来放置直墙分段。或者可以指定起点,沿所需方向移动光标,然后输入墙长度值。使用"绘制"面板中的其他工具,可以绘制矩形布局、多边形布局、圆形布局或弧形布局。使用任何一种工具绘制墙时,可以按空格键相对于墙的定位线翻转墙的内部/外部方向。

拾取线生成墙:使用"拾取线"工具可以沿图形中选定的线来放置墙分段。线可以是模型线、参照平面或图元(如屋顶、幕墙嵌板和其他墙)边缘。

拾取面生成墙:使用"拾取面"工具可以拾取体量面或常规模型面生成墙。

⑥绘制完后,按两次 Esc 键退出绘制状态。

7.4.2 添加实例墙饰条

使用"饰条"工具可以向墙中添加踢脚板、冠顶饰或其他类型的装饰用水平或垂直投影。要给已经绘制上去的某个墙构件单独添加饰条,其具体步骤如下。

①打开一个三维视图或立面视图,其中包含要添加墙饰条的墙。

②单击"建筑"选项卡"构建"面板中的"墙"下拉列表,在列表中选择"墙:饰条"。

③在"类型选择器"中,选择所需的墙饰条类型。

④在"修改"选项卡"放置"面板中选择墙饰条的方向:"水平"或"垂直"。

⑤将光标放在墙上以高亮显示墙饰条位置,单击以放置墙饰条。如果需要,可以为相邻墙体添加墙饰条。Revit 会在各相邻墙体上预选墙饰条的位置。如果是在三维视图中,则可通过使用 ViewCube 旋转该视图,为所有外墙添加墙饰条。

⑥要在不同的位置放置墙饰条,则单击"修改"选项卡"放置"面板中的"重新放置墙饰条",将光标移到墙上所需的位置,单击鼠标左键以放置墙饰条。

⑦完成墙饰条的放置后,按 Esc 键退出即可。

7.4.3 添加类型墙饰条

除给实例墙体添加墙饰条外,还可以给某一类型的墙统一添加饰条,其具体步骤如下。

①单击"建筑"选项卡"构建"面板中的"墙"。在属性栏下拉列表中选择需要添加饰条的类型墙,单击"编辑类型",在弹出的对话框中单击"结构"参数一栏的"编辑"。

②如图 7-25 所示,在左下角"视图"下拉列表中选择"剖面:修改类型属性",单击"墙饰条",在弹出的对话框中单击"载入轮廓"或"添加"以添加一个新的轮廓,即可在墙上生成墙饰条,如图 7-26 所示。

③修改轮廓属性信息,单击"确定"即可。

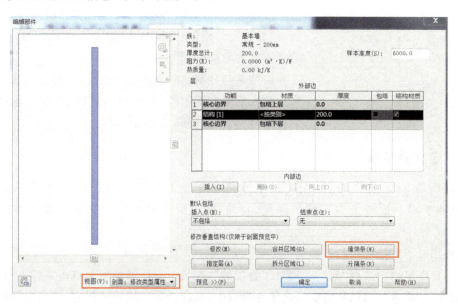

图 7-25　"编辑部件"对话框

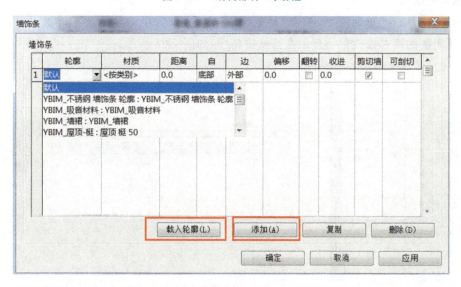

图 7-26　"墙饰条"对话框

7.4.4　添加分割缝

添加分割缝的方法与添加墙饰条的方法一致。

7.4.5 自定义轮廓族

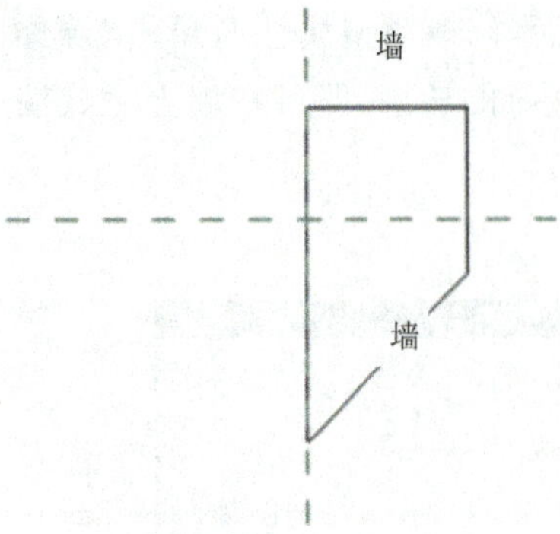

墙饰条、分割缝及室内外的装饰线脚等的断面轮廓，都会用到轮廓族，用户可以自定义轮廓族。系统提供了多个轮廓族的样板文件：公制轮廓-分割缝、公制轮廓-扶手、公制轮廓-楼梯前缘、公制轮廓-竖梃、公制轮廓-主体。

自定义轮廓族的具体步骤为：单击"应用程序菜单"按钮—"新建"—"族"—选择"公制轮廓－分割缝.rft"打开—绘制需要的轮廓，如图 7-27 所示。

墙饰条与分割缝的原理刚好相反，但可以用相同的轮廓。载入后会在墙上挖一个"缝"，同时，如果本轮廓用于墙饰条，则会按此轮廓生成饰条。

图 7-27 轮廓线

7.4.6 定义叠层墙

叠层墙是 Revit 提供的一种特殊的墙体类型，它由几种基本墙类型在高度方向上叠加而成，适用于同一面墙上有不同的厚度、材质、构造时的情况。定义叠层墙的具体步骤如下。

①使用以下方法之一打开墙的类型属性：

在项目浏览器中选择"族"-"墙"-"叠层墙"，在某个叠层墙类型上单击鼠标右键，然后单击"属性"。或者如果已将叠层墙放置在项目中，则在绘图区域中选择它，然后在属性栏中单击"编辑类型"。

②在"类型属性"对话框中，单击"预览"打开预览窗格，用以显示选定墙类型的剖面视图。对墙所做的所有修改都会显示在预览窗格中，如图 7-28 所示。

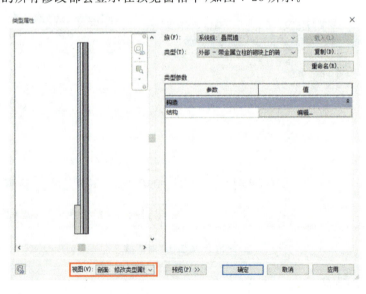

图 7-28 叠层墙"类型属性"对话框

③单击"结构"参数对应的"编辑",以打开"编辑部件"对话框。"类型"表中的每一行定义叠层墙内的一个子墙,如图 7-29 所示。

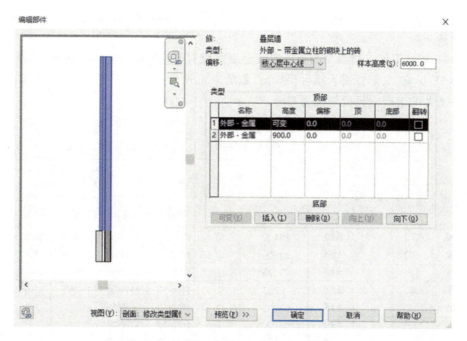

图 7-29　叠层墙"编辑部件"对话框

④选择将用来对齐子墙的平面作为偏移值。(该值将用于每面子墙的"定位线"实例属性。)

⑤指定预览窗格中墙的高度作为样本高度。如果所插入子墙的无连接高度大于样本高度,则该值将改变。

⑥在"类型"表中,单击左列中的编号以选择定义子墙的行,或单击"插入"添加新的子墙。

⑦在"名称"列中,单击其值,然后选择所需的子墙类型。

⑧在"高度"列中,指定子墙的无连接高度。

注:一个子墙必须有一个相对于其他子墙高度而改变的可变且不可编辑的高度。要修改可变子墙的高度,可通过选择其他子墙的行并单击"可变",将其他子墙修改为可变的墙。

⑨在"偏移"列中,指定子墙的定位线与主墙的参照线之间的偏移距离(偏移量)。正值会使子墙向主墙外侧(预览窗格左侧)移动。

⑩如果子墙在顶部或底部未锁定,可以在"顶"或"底部"列中输入正值来指定一个可提高墙的高度,或者输入负值来降低墙的高度。这些值分别决定着墙的"顶部延伸距离"和"底部延伸距离"实例属性。

⑪如果为某一子墙指定了延伸距离,则它下面的子墙将附着到该子墙。

⑫要沿主叠层墙的参照线(偏移)翻转子墙,则选择"翻转"。要重新排列行,则选择某一行并单击"向上"或"向下"。要删除子墙类型,则选择相应的行并单击"删除"。如果删除了具有明确高度的子墙,则可变子墙将延伸到其他子墙的高度。如果删除了可变子墙,则它上面的子墙将成为可变子墙。如果只有一个子墙,则无法删除它。

⑬单击"确定",完成叠层墙的编辑。

7.4.7 绘制－1F 结构墙

下面以排演楼－1F1/D 轴交 1 轴－2 轴处的外墙 3 为例,介绍如何创建案例中的结构墙。

1. 图纸分析

从－1F 墙柱平面布置图中的地下室墙身表可以得知,外墙 3 厚度为 300mm,顶部标高为±0,即 1F 标高,底部标高为承台顶标高,如图 7-30 所示。从－1F 平面布置图中的说明可以看出外墙 3 的混凝土强度等级为 C45。

墙号	墙厚	类型	H1	H2	排数	钢筋 ①	钢筋 ②	钢筋 ③	钢筋 ④
外墙1	300	1	承台顶	±0.000	2	⊕12@150	⊕14@150	⊕14@150	⊕12@150
外墙2	300	1	承台顶	±0.000	2	⊕12@150	⊕14@150	⊕14@150	⊕12@150
外墙3	300	2	承台顶	-0.100	2	⊕12@150	⊕14@150	⊕14@150	⊕14@150
外墙4	300	1	承台顶	-0.800	2	⊕12@150	⊕14@150	⊕14@150	
Q1	300	3	承台顶	±0.000	2	⊕10@150	⊕10@150		
Q2	300	4	承台顶	±0.000	2	⊕12@150	⊕12@150		
Q3	400	3	承台顶	±0.000	2	⊕10@150	⊕10@150		

(地下室墙身表)

图 7-30 CAD 图纸的地下室墙身表

从人工挖孔桩平面图上可以得知,该墙下桩顶标高为－5.050m,可以计算出该墙下基础顶标高(也即墙底标高)为－4.150m,如图 7-31 所示。

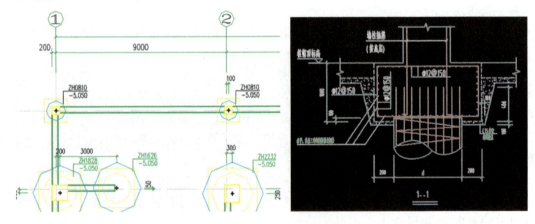

图 7-31 人工挖孔桩平面图

2. 创建－1F1/D 轴交 1 轴－2 轴处的外墙 3

①打开－1F 楼层平面视图。

②单击"建筑"选项卡"构建"面板中的"墙"下拉列表,选择"墙:结构"。

③在属性栏"类型选择器"的下拉列表中选择"基墙_普通砖_200 厚"。单击"编辑类型",在弹出的对话框中单击"复制",名称改为"－1F_外墙 3_300_C45",单击"确定",弹出"编辑部件"对话框,如图 7-32 所示。

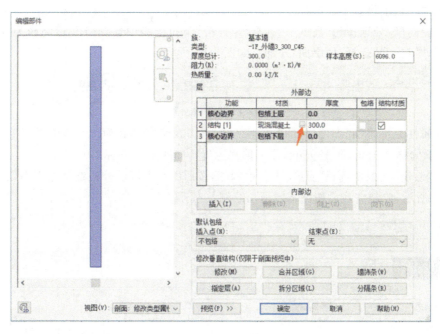

图 7-32　"编辑部件"对话框

④单击"结构"后的"编辑"按钮,将结构层厚度值改为 300。鼠标在结构层后的材质框内单击一次,此时后方会出现材质设置按钮 ... ,单击此按钮以打开材质浏览器。

在"材质浏览器"中选择创建结构柱时创建的名称为"C45 现浇混凝土"材质,然后单击"确定"完成外墙 3 的名称、尺寸和材质的设置,如图 7-33 所示。

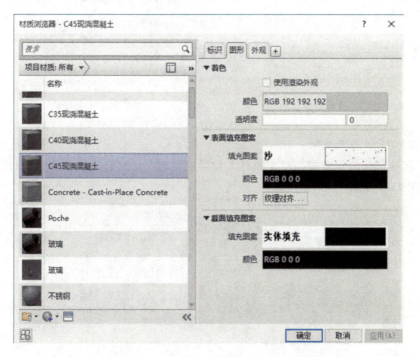

图 7-33　设置外墙 3 的名称、尺寸和材质

⑤在选项栏上设置下列参数。

"深度/高度"处选择为"高度";"标高/未连接"下拉列表中选择"1F"标高作为墙底部的基准标高;"定位线"选择"面层面:外部",如图 7-34 所示。

图 7-34 墙参数设置

⑥在属性栏中将"底部偏移"的数值修改为－150(墙底标高为－4.150,较－1F 标高－4.000 往下偏移 0.15m,即 150mm,往下偏移为负),如图 7-35 所示。

⑦在"绘制"面板中选择"直线"工具绘制墙,按照图纸上墙的外边线从左至右绘制墙体,如图 7-36 所示,绘制完成后按 Esc 键退出绘制状态。

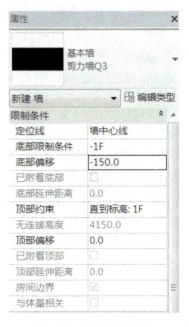

图 7-35 修改底部偏移

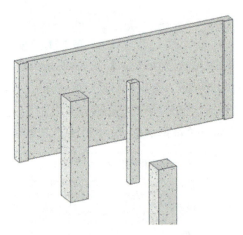

图 7-36 绘制墙体

3.创建－1F 其他结构墙

－1F 其他部位结构墙的创建方法与 1/D 轴交 1 轴－2 轴处的外墙 3 相同,最终整层墙柱效果如图 7-37 所示。

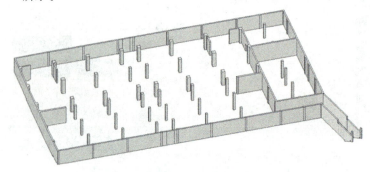

图 7-37 －1F 墙柱效果图

7.5　梁

Revit 中提供了梁和梁系统两种创建结构梁的方式,创建梁之前必须先载入相关的梁族文件。下面来创建排演楼－1F 顶梁,以学习在 Revit 中创建梁的操作方法。此处以 C 轴－D 轴交 1 轴－2 轴处的 KL18 为例。

7.5.1　图纸分析

由基础顶梁平面布置图可知,－1FKL18 尺寸为 300mm×800mm,如图 7-38 所示。由楼层标高表可知,－1F 梁的混凝土等级为 C35。

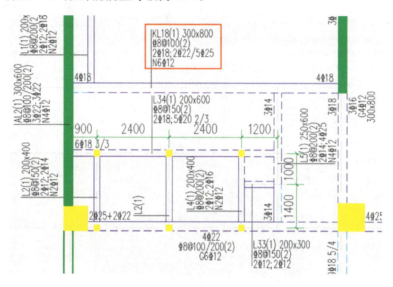

图 7-38　基础顶梁平面布置图

7.5.2　创建－1FKL18

创建－1FKL18 的具体步骤如下。

①将视图切换至－1F 楼层平面,在属性栏中单击"视图范围"后的"编辑"按钮,将视图范围设置成图 7-39 所示的数值,以确保所创建的梁在－1F 平面视图中可见。

②从 AutoCAD 软件中将地下室顶梁平面布置图单独分割出来,并导入 Revit 中定位好。

③单击"视图"选项卡中的"可见性/图形",单击"导入的类别",在列表中将"－1 层墙柱施工图"前的"√"去掉,如图 7-40 所示,单击"确定"。此操作可隐藏墙柱图纸,只显示梁图,从而避免操作过程中因显示的图纸过多而带来的干扰。

④单击"结构"选项卡"结构"面板中的"梁",在属性栏的"类型选择器"下拉列表中选择"YBIM－混凝土－矩形梁－200×400"。单击"编辑类型",在弹出的对话框中单击"复制",将名称改为"－1F_KL18_300×800_C35",并将下面的"b""h"数值改为 300.0 和 800.0,如图 7-41 所示,然后单击"确定"。

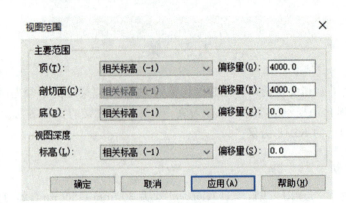

图 7-39　设置视图范围

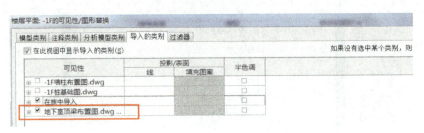

图 7-40　设置导入图纸的可见性

图 7-41　设置梁的类型属性

　　⑤将选项栏中"放置平面"的标高选择为"标高:1F"。

　　⑥在属性栏中点击"结构材质"后的设置材质的按钮,将梁的材质设置为 C35 现浇混凝土。

　　⑦在底图 KL18 的位置依次点取梁的起点和终点以绘制 KL18 构件,如图 7-42 所示。绘制完成后按 Esc 键退出绘制状态即可。

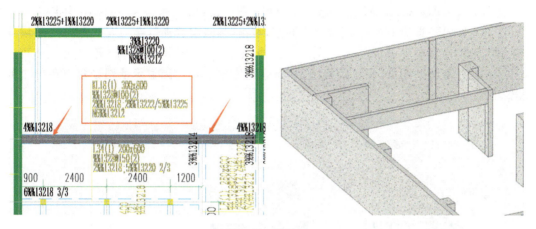

图 7-42　绘制梁

7.5.3　创建－1F 顶梁

　　－1F 其他部位的结构梁的创建方法与 KL18 相同,对于同一楼层同名称的梁,也可以用复制的方法将已绘制的同名称的梁实例复制到对应位置。最终整层梁效果如图 7-43 所示。

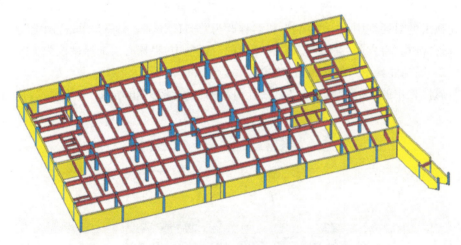

图 7-43　－1F 结构梁效果图

7.6　板

　　在 Revit 中,创建结构板和建筑板的方法类似,本节通过创建－1F 顶板来介绍板的创建方法。

7.6.1　创建板

　　这里以创建－1F 西南角的走道板为例,介绍创建－1F 顶板的操作方法。具体步骤如下:

　　①将视图切换至－1F 楼层平面。

②从 AutoCAD 软件中将地下室顶板平面布置图单独分割出来,并导入 Revit 中定位好。

③单击"视图"选项卡中的"可见性/图形",单击"导入的类别",在列表中将"－1 层墙柱施工图""地下室顶梁平面布置图"前的"√"去掉,如图 7-44 所示,单击"确定"。此操作可隐藏导入的墙柱和梁的图纸,只显示板图,从而避免操作过程中因显示的图纸过多而带来的干扰。

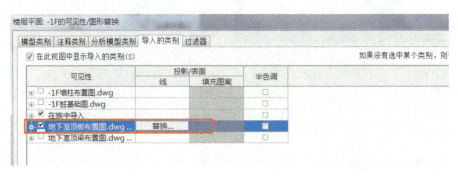

图 7-44　设置导入的图纸只显示板图

④单击"建筑"选项卡"构建"面板中的"楼板"下拉列表,选择"楼板:结构";或者单击"结构"选项卡"结构"面板中的"楼板"下拉列表,选择"楼板:结构"。

⑤在属性栏的"类型选择器"中选择"无梁板_现浇钢筋混凝土 C30_200 厚",单击"编辑类型",在弹出的对话框中单击"复制",将名称改为"－1F_B_180_C35",单击"确定"。

⑥单击"结构"后方的"编辑"按钮,在弹出的对话框中,将核心层的厚度改为 180,并设置材质为"C35 现浇混凝土",依次单击"确定"。

⑦将属性栏中的"标高"设置为"1","自标高的高度偏移"值输入"－100.0",如图 7-45 所示。

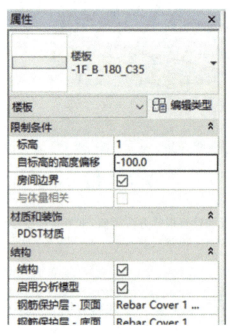

图 7-45　设置楼板属性

⑧在"修改"选项卡"绘制"面板中选择"直线""矩形"或"拾取线"的方式绘制出板的边界轮廓,当用"拾取线"绘制时,需配合"修剪/延伸为角"命令将边界修剪成封闭的多边形,如图 7-46 所示。

⑨单击"修改"选项卡"模式"面板中的"√",完成板的创建,效果如图 7-47 所示。

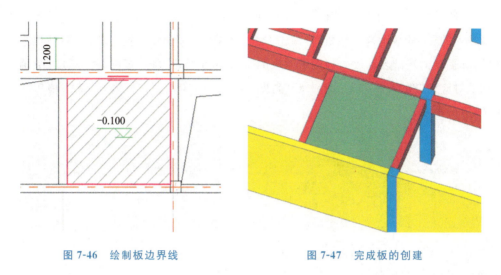

图 7-46 绘制板边界线   图 7-47 完成板的创建

7.6.2 创建—1F 板

—1F 的其他结构顶板均是采取此方法绘制,根据实际需要可采用多种方法配合使用。最终绘制的整层板的效果如图 7-48 所示。

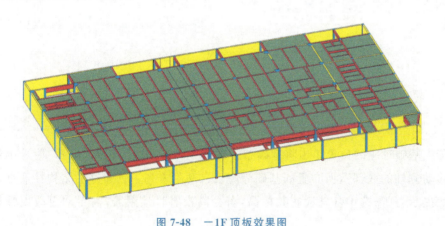

图 7-48 —1F 顶板效果图

7.7 基 础

本项目中的基础形式为桩基础,可以直接利用 Revit 中的"独立基础"工具来创建。此处以 D 轴/1 轴处 KZ8 下的基础为例来讲解基础的创建方法。

①在 AutoCAD 软件中将人工挖孔桩图单独分割出来。

②在 Revit 中切换至－1F 楼层平面视图，导入分割出来的人工挖孔桩平面图，并定位好图纸。

③载入系统自带的独立基础族"桩基承台-1 根桩"。

④单击"结构"选项卡"基础"面板下的"独立基础"，在属性栏的"类型选择器"下拉列表中选择载入的族"桩基承台-1 根桩"。单击"编辑类型"，在弹出的"类型属性"对话框中单击"复制"，将复制的基础名称改为与图纸对应的"ZH1828_C35"，将"宽度"和"长度"数值修改为与图纸对应的"2200.0"，"Thickness"（高度）修改为"1000.0"，"桩嵌固"输入值"100.0"，如图 7-49(a)所示。

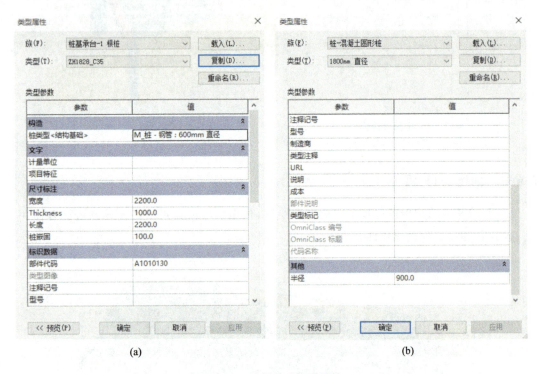

(a)　　　　　　　　　　　(b)

图 7-49　设置基础类型属性

⑤在该基础对应的位置单击将基础布置到图中，此时软件将给出提示"附着的结构基础将被移动到柱的底部"，所布置的基础标高已自动附着到了创建好的结构柱底部。若没有弹出此提示，则需选中基础检查其标高，若标高没有自动附着，需手动更改属性栏中的标高值。

⑥切换至三维视图，将鼠标光标放置在创建的基础的桩上，按 Tab 键切换选择，直至只有桩高亮显示时，选中桩，单击属性栏上的"编辑类型"，再单击"复制"，将复制的桩名称改为"1800mm 直径"，同时将"半径"参数改为"900.0"，如图 7-49(b)所示，单击"确定"。

本项目的其他基础均是采用此方法创建，最终创建效果如图 7-50 所示。

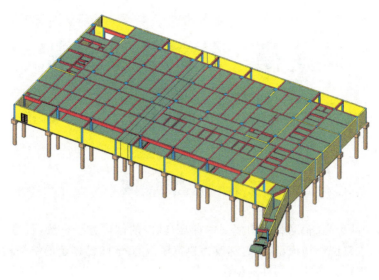

图 7-50 基础三维模型

请读者按类似的方法完成其他楼层结构模型的创建,这里就不赘述了。

第8章 建筑专业建模

本章讲解建筑专业模型的创建,主要包括建筑墙、门、窗、幕墙、楼梯、栏杆扶手等图元。

8.1 标高、轴网

建筑模型中的标高、轴网和结构模型中标高、轴网的创建方法一致,若建筑标高和结构标高一样,则可以复制结构模型,将名称改为建筑模型,并删除已创建的结构构件,只保留标高和轴网信息,即可开始建筑构件的创建。

排演楼项目中建筑标高和结构标高一致,复制排演楼结构模型,将名称改为排演楼建筑模型并打开,切换至三维视图,框选所有构件,按 Delete 键删除;再依次切换至各个楼层平面视图,单击"视图"选项卡"图形"面板上的"可见性/图形",在"导入的类别"中将导入的结构图纸全部勾选,并在平面视图中选中这些图纸,按 Delete 键删除,只保留标高和轴网的信息。

8.2 建 筑 墙

建筑墙的创建方法和结构墙的创建方法一致,具体创建流程为:链接结构模型,单击"墙体"命令,选择类似的墙类型并复制该类型墙,然后编辑墙体类型属性(各层厚度、名称、材质等),修改选项栏中的参数,并修改墙体实例属性,最后用合适的方法绘制墙。

建筑墙和结构墙最大的区别在于构造形式不同,例如,本项目外墙外保温层建筑构造如图 8-1 所示,在编辑该墙类型属性时,对应的设置应如图 8-2 所示(其最外层的幕墙需单独创建幕墙图元,不在构造层中体现)。

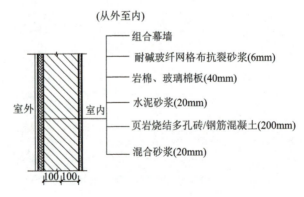

图 8-1 外墙外保温层建筑构造

图 8-2　编辑建筑墙的类型属性

排演楼项目－1F 建筑墙最终创建效果如图 8-3 所示。

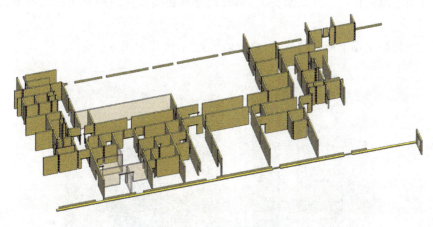

图 8-3　－1F 建筑墙最终效果图

8.3　门

8.3.1　放置门

门、窗是建筑设计中最常见的构件。Revit 提供了门、窗工具,用于在项目中添加门、窗图元。门、窗必须放置于墙、屋顶等主体图元上,它可以自动识别墙体并且只能插入墙体构件上。具体方法如下。

①打开一个平面、剖面、立面或三维视图。

②单击"建筑"选项卡"构建"面板中的"门"。

③如果要放置的门类型与"类型选择器"中显示的门类型不同,则从下拉列表中选择其他类型。如果要从 Revit 库中载入其他门类型,则单击"放置门"选项卡"模式"面板中的"载入族",定位到"门"文件夹,打开所需的族文件。还可以从相关族网站下载门族。

④如果希望在放置门时自动对门进行标记,可单击"修改|放置门"选项卡"标记"面板中的"在放置时进行标记",然后在选项栏上指定表 8-1 中的标记选项。

表 8-1 门标记选项注释表

目标	操作
修改标记方向	选择"水平"或"垂直"
载入其他标记	单击"标记"(请参见加载标记或符号样式)
在标记和门之间包含引线	选择"引线"
修改引线的默认长度	在"引线"复选框右侧的文本框中输入值

⑤将光标移到墙上以显示门的预览图像。在平面视图中放置门时,按空格键可将开门方向从左开翻转为右开。要翻转门面(使其向内开或向外开),请相应地将光标移到靠近内墙边缘或外墙边缘的位置。默认情况下,临时尺寸标注指示从门中心线到最近垂直墙的中心线的距离。

⑥预览图像位于墙上所需位置时,单击以放置门,效果如图 8-4 所示。

图 8-4　门三维效果图

排演楼项目中的门均可按照上面的方法放置到相应的位置。

8.3.2　编辑门

1.更改门的方向

更改门的门轴位置(开门方向)或门打开方向(面)的具体操作如下:

①在平面视图中选择门。

②单击鼠标右键,然后单击表 8-2 中的相应选项。

表 8-2　　　　　　　　　　　　　　门方向注释表

目标	操作
修改门轴位置（右侧或左侧）	选择"翻转开门方向"，此选项仅用于使用水平控制创建的门族
修改门打开方向（内开或外开）	选择"翻转面"，此选项仅用于使用垂直控制创建的门族

也可以单击选择门后在图形中显示的相应翻转控制（"翻转实例开门方向"或"翻转实例面"），如图 8-5 所示。

2. 移动门到另一面墙

可以在最初放置门的墙上重新定位门，若要将门移到另一面墙，则可使用"拾取新主体"工具，具体步骤如下：

①选择门。

②单击"修改 | 放置门"选项卡"主体"面板中的"拾取新主体"。

③将光标移到另一面墙上，当预览图像位于所需位置时，单击以放置门。

注：以上步骤不适用于通过自定义幕墙嵌板创建的幕墙门。

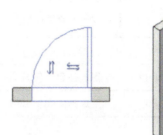

图 8-5　更改门的翻转方向

8.3.3　门的属性

1. 门的实例属性

可以通过修改门的实例属性以更改门的标高、下缘高度、框架类型、材质及其他属性。若要修改实例属性，则选择实例图元并在属性栏上修改其属性。各属性对应的含义见表 8-3。

表 8-3　　　　　　　　　　　　　门的实例属性注释表

名称	说明
限制条件	
标高	指明放置此实例的标高
底高度	指定相对于放置此实例的标高的底高度。修改此值不会修改实例尺寸
构造	
框架类型	指定门框类型。可以输入值或从下拉列表中选择以前输入的值
材质和装饰	
框架材质	指定框架使用的材质。可以输入值或从下拉列表中选择以前输入的值
面层	指定应用于框架和门的面层。可以输入值或从下拉列表中选择以前输入的值
标识数据	
注释	显示输入或从下拉列表中选择的注释。输入注释后，便可以为同一类别中图元的其他实例选择该注释，无须考虑类型或族

续表

名称	说明
标记	按照用户所指定的标识或枚举特定实例。对于门,该属性通过为放置的每个实例按 1 递增标记值,来枚举某个类别中的实例。例如,默认情况下在项目中放置的第一个门的"标记"值为 1,接下来放置的门的"标记"值为 2,无须考虑门的类型。如果将此值修改为另一个门已使用的值,则 Revit 将发出警告,但仍允许继续使用此值。接下来,将为所放置的下一个门的"标记"属性指定为下一个未使用的最大数值
阶段化	
创建的阶段	指定创建实例时的阶段
拆除的阶段	指定拆除实例时的阶段
其他	
顶高度	指定相对于放置此实例的标高的实例顶高度。修改此值不会修改实例尺寸

2. 门的类型属性

修改门的类型属性可以更改其构造类型、功能、材质、尺寸标注和其他属性。若要修改类型属性,可选择一个图元,然后单击"修改"选项卡"属性"面板中的"类型属性"。对类型属性的更改将应用于项目中的所有实例。各属性对应的含义见表 8-4。

表 8-4   门的类型属性注释表

名称	说明
构造	
墙闭合	门周围的层包络。此参数将替换主体中的任何设置
构造类型	门的构造类型
功能	指示门是内部的(默认值)还是外部的。功能可用在计划中并创建过滤器,以便在导出模型时对模型进行简化
材质和装饰	
门材质	门的材质(如金属或木质)
框架材质	门框架的材质
尺寸标注	
厚度	门的厚度
高度	门的高度
贴面投影外部	外部贴面投影
贴面投影内部	内部贴面投影

续表

名称	说明
贴面宽度	门贴面的宽度
宽度	门的宽度
粗略宽度	可以生成明细表或导出
粗略高度	可以生成明细表或导出
标识数据	
注释记号	添加或编辑门注释记号。在值框中单击,打开"注释记号"对话框
模型	门的模型类型的名称
制造商	门的制造商名称
类型注释	关于门类型的注释。此信息可显示在明细表中
URL	指向制造商网页的链接
说明	提供门类型的详细说明
部件说明	基于所选部件代码的部件说明
部件代码	从层级列表中选择的统一格式部件代码
类型标记	此值指定特定的门类型。对于项目中的每个门类型,此值必须是唯一的。如果此值已被使用,Revit 会发出警告信息,但允许用户继续使用它。(可以使用"查阅警告信息"工具查看警告信息。请参见查阅警告信息)
防火等级	门的防火等级
成本	门的成本
OmniClass 编号	OmniClass 构造分类系统(能最好地对族类型进行分类)的表 23 中的编号
OmniClass 标题	OmniClass 构造分类系统(能最好地对族类型进行分类)的表 23 中的名称
IFC 参数	
操作	由当前 IFC 说明定义的门操作。这些值不区分大小写,而且下画线是可选的。
分析属性	
分析构造	
传热系数(U)	用于计算热传导,通常通过流体和实体之间的对流和阶段变化进行计算
热阻(R)	用于测量对象或材质抵抗热流量(每时间单位的热量或热阻)的温度差
太阳得热系数	阳光进入窗口的入射辐射部分,包括直接透射和吸收后在内部释放两部分
可见光透射比	穿过玻璃系统的可见光量,以百分比表示

8.4　窗

8.4.1　放置窗

窗是基于主体的构件,可以添加到任何类型的墙内(对于天窗,可以添加到内建屋顶)。在平面视图、剖面视图、立面视图或三维视图中添加窗时,选择要添加的窗类型,然后指定窗在主体图元上的位置,Revit 将自动剪切洞口并放置窗。具体方法如下。

①打开平面视图、立面视图、剖面视图或三维视图。

②单击"建筑"选项卡"构建"面板中的"窗"。

③如果要放置的窗类型与"类型选择器"中显示的窗类型不同,则从下拉列表中选择其他类型。若要从库载入其他窗类型,可单击"修改|放置窗"选项卡"模式"面板中的"载入族",浏览到"窗"文件夹并打开所需的族文件,还可以从相关族网站下载窗族。

④如果要在放置窗时自动进行标记,则单击"修改|放置窗"选项卡"标记"面板中的"在放置时进行标记",然后在选项栏上指定表 8-5 中的标记选项。

表 8-5　　　　　　　　　　　　　窗标记注释表

目标	操作
修改标记方向	选择"水平"或"垂直"
载入其他标记	单击"标记"(请参见加载标记或符号样式)
在标记和窗之间包含引线	选择"引线"
修改引线的默认长度	在"引线"复选框右侧的文本框中输入值

⑤将光标移到墙上以显示窗的预览图像。默认情况下,临时尺寸标注指示从窗中心线到最近垂直墙的中心线的距离。

⑥预览图像位于墙上所需位置时,单击以放置窗。

排演楼项目中的窗均可按照上面的方法放置到相应的位置。

8.4.2　编辑窗

1.更改窗的方向

对于已创建的窗,可以更改其水平方向(开门方向)或垂直方向(面),具体方法如下:

①在平面视图中选择窗。

②单击鼠标右键,然后单击所需选项,见表 8-6。

表 8-6　　　　　　　　　　　　　窗方向选项注释表

目标	操作
水平翻转窗	选择"翻转开门方向",此选项仅用于使用水平控制创建的窗族
垂直翻转窗	选择"翻转面",此选项仅用于使用垂直控制创建的窗族

也可以单击选择窗后在图形中显示的相应翻转控制（"翻转实例开窗方向"或"翻转实例面"），如图 8-6 所示。

2.移动窗到另一面墙

可以在最初放置窗的墙上重新定位窗，若要将窗移到其他墙，可使用"拾取新主体"工具，具体操作如下：

①选择窗。

②单击"修改|窗口"选项卡"主体"面板中的"拾取新主体"。

③将光标移到另一面墙上，当预览图像位于所需位置时，单击以放置窗。

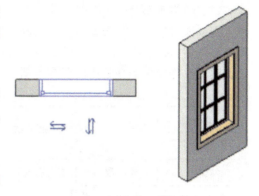

图 8-6　更改窗的翻转方向

8.4.3　窗的属性

1.窗的实例属性

可以通过修改窗的实例属性以更改窗的标高、窗台高度、顶高度和其他属性。若要修改实例属性，可选择实例图元并在属性栏上修改其属性。各属性对应的含义见表 8-7。

表 8-7　　　　　　　　　　　　　窗的实例属性注释表

名称	说明
限制条件	
标高	指明放置此实例的标高
底高度	指定相对于放置此实例的标高的底高度。修改此值不会修改实例尺寸
标识数据	
注释	显示用户输入或从下拉列表中选择的注释。输入注释后，便可以为同一类别中图元的其他实例选择该注释，无须考虑类型或族
标记	通过为放置的每个实例按 1 递增标记值，来枚举类别中的实例。例如，默认情况下在项目中放置的第一扇窗的"标记"值为 1，接下来放置的窗的"标记"值为 2，无须考虑窗的类型。如果将此值修改为另一扇窗已使用的值，则 Revit 将发出警告，但仍允许继续使用此值。接下来，将为所放置的下一扇窗的"标记"属性指定下一个未使用的最大数值
阶段化	
创建的阶段	指定创建实例时的阶段
拆除的阶段	指定拆除实例时的阶段
其他	
顶高度	指定相对于放置此实例的标高的实例顶高度。修改此值不会修改实例尺寸

2.窗的类型属性

可以通过修改窗的类型属性以更改窗的构造类型、材质、尺寸标注和其他属性。若要修改类型属性,可选择一个图元,然后单击"修改"选项卡"属性"面板上的"类型属性"。对类型属性的更改将应用于项目中的所有实例。各属性对应的含义见表 8-8。

表 8-8 窗的类型属性注释表

名称	说明
构造	
墙闭合	此参数用于设置窗周围的层包络。此参数将替换主体中的任何设置
构造类型	窗的构造类型
材质和装饰	
玻璃嵌板材质	窗中玻璃嵌板的材质
窗扇材质	窗扇的材质
尺寸标注	
高度	窗洞口的高度
默认窗台高度	窗底部在标高以上的高度
宽度	窗宽度
窗嵌入	将窗嵌入墙内部
粗略高度	窗的粗略洞口的高度。可以生成明细表或导出
粗略宽度	窗的粗略洞口的宽度。可以生成明细表或导出
标识数据	
部件代码	从层级列表中选择的统一格式部件代码
注释记号	添加或编辑窗注释记号。在值框中单击,打开"注释记号"对话框。请参见注释记号
模型	窗的模型编号
制造商	窗的制造商名称
类型注释	有关窗类型的特定注释
URL	指向制造商网页的链接
说明	窗类型的详细说明
部件说明	基于所选部件代码的部件说明
类型标记	指明特定窗的专用值。对于项目的每个窗口,此值都必须是唯一的。如果此值已被使用,Revit 会发出警告信息,但允许继续使用它。(可以使用"查阅警告信息"工具查看警告信息。请参见查阅警告消息。值是按顺序指定的。请参见创建门或窗的顺序标记)
成本	窗的成本

名称	说明
OmniClass 编号	OmniClass 构造分类系统(能最好地对族类型进行分类)的表 23 中的编号
OmniClass 标题	OmniClass 构造分类系统(能最好地对族类型进行分类)的表 23 中的名称
IFC 参数	
操作	由当前 IFC 说明定义的门操作。这些值不区分大小写,而且下画线是可选的
分析属性	
分析构造	
传热系数(U)	用于计算热传导,通常通过流体和实体之间的对流和阶段变化进行计算

8.5　幕　　墙

　　幕墙是现代建筑设计中常见的一种墙类型,是由嵌板组成的一种墙类型。绘制幕墙时,Revit 会将嵌板按网格分割规则在长度和高度方向自动排列。

　　幕墙按创建方法的不同,可以分为常规幕墙和幕墙系统两大类。常规幕墙的创建与编辑方法与墙类似;幕墙系统则分为规则幕墙系统、面幕墙系统,可以用来快速地创建异形曲面幕墙。

　　幕墙由幕墙嵌板、幕墙网格、幕墙竖梃三大部分组成,如图 8-7 所示。幕墙嵌板是构成幕墙的基本单元,幕墙由一块或多块嵌板组成,嵌板的大小由划分幕墙的幕墙网格决定。

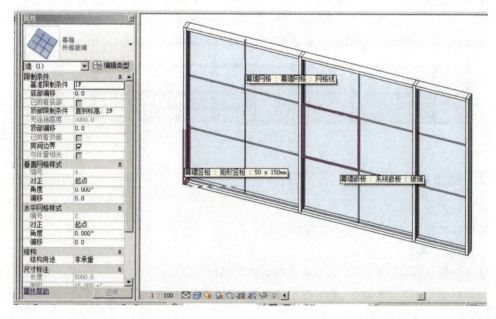

图 8-7　幕墙的各构件

8.5.1 创建幕墙

①打开楼层平面视图或三维视图。

②单击"建筑"选项卡"构建"面板中"墙"下拉列表里的"墙：建筑"；或者单击"结构"选项卡"结构"面板中"墙"下拉列表里的"墙：建筑"。

③从"类型选择器"下拉列表中，选择一种幕墙类型。

④要创建具有自动水平和垂直幕墙网格的墙，则需打开"编辑类型"对话框，指定其中的"垂直布局"和"水平布局"属性。

注意：无法在绘制墙之后移动自动幕墙网格，除非使这些网格"不相关"。要执行此操作，可选择一个幕墙网格，然后在"属性"选项板中单击"其他"，选择"不相关"作为"类型关联"。此外，也可以选择网格，然后单击显示的锁形标志。如果自动网格是不相关的，则当用户使用幕墙的类型属性调整墙的尺寸或修改网格布局时，其位置保持固定。使用此参数，可以在创建等网格间距之后调整某些网格的位置。如果已将网格放置在幕墙上，则它将不参加网格布局计算。

⑤使用以下方法创建幕墙。

绘制墙：通过绘制工具绘制墙的路径。当绘制墙时，可以利用关联尺寸标注功能，通过在键盘上输入值来快速设置其长度。如果要围绕定位线翻转墙的方向，可在绘制墙时按空格键。此操作适用于所有墙体绘制工具，例如矩形、圆和三点弧。

拾取线：选择现有的线。线可以是模型线或图元（例如屋顶、幕墙嵌板和其他墙）的边缘。

拾取面：选择体量面或常规模型面。可以将常规模型创建为内建模型或基于族文件的模型。

绘制完后按两次 Esc 键退出绘制状态。

⑥绘制完后如需要修改嵌板类型，则需打开可以看到幕墙嵌板的立面视图或三维视图，并选择一个嵌板（将光标移动到嵌板边缘上方，并按 Tab 键，直到选中该嵌板为止）；从"类型选择器"下拉列表中选择合适的幕墙嵌板类型。如果绘制了不带自动网格的幕墙，则可以手动添加网格（参见添加幕墙网格）。根据需要，还可以为网格添加竖梃，如图 8-8 所示。

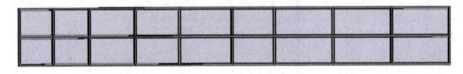

图 8-8　幕墙(带竖梃)

8.5.2 编辑幕墙

1. 编辑实例属性

幕墙的实例属性设置如图 8-9 所示。

（1）限制条件

基准限制条件/底部偏移：用于确定幕墙的底部标高。

顶部限制条件/顶部偏移：用于确定幕墙的顶部标高。

（2）垂直/水平网格样式

对正：对齐位置，可选择起点、终点、中心。

角度:幕墙网格的倾斜角度。

偏移:幕墙嵌板在与墙垂直方向上的偏移距离。

2. 编辑类型属性

幕墙的类型属性设置如图 8-10 所示。

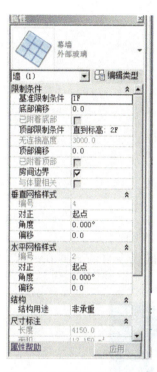

图 8-9　设置幕墙的实例属性

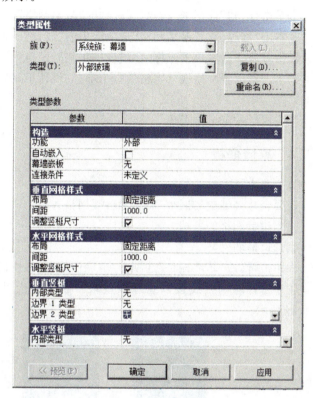

图 8-10　设置幕墙的类型属性

(1)构造

功能:可选择内部或外部。

自动嵌入:当在常规墙体内部绘制幕墙时,将在幕墙位置自动创建洞口,本功能可将幕墙作为带形窗来使用。

幕墙嵌板:设置嵌板类型。当设为空时,则只剩下竖梃,可用来创建空网格模型。

连接条件:控制竖梃的连接方式是边界和水平网格连续还是边界和垂直网格连续。

(2)垂直/水平网格样式

参数"布局"可以设置幕墙网格线的布置规则为固定距离、最大间距、最小间距、固定数量、无。选择前三种方式要设置参数"间距"值来控制网格线距离,选择"固定数量"则要设置实例参数"编号"值来控制内部网格线数量,选择"无"则没有网格线需要用"幕墙网格"命令手工分割。

(3)垂直/水平竖梃

内部类型、边界 1 类型、边界 2 类型:分别设置幕墙内部和左右(上下)边界竖梃的类型,如果选择"无",则没有竖梃,也可用"竖梃"命令手工添加。

8.5.3　幕墙网格

如果绘制了不带自动网格的幕墙,可以手动添加网格。

①打开三维视图或立面视图。

②单击"结构"选项卡"构建"面板中的"幕墙网格"。

③单击"修改|放置幕墙网格"选项卡中的"放置"面板,然后选择放置类型。

④沿着墙体边缘放置光标,会出现一条临时网格线。

⑤单击以放置网格线。网格的每个部分(设计单元)将以所选类型的一个幕墙嵌板分别填充。

⑥完成后按 Esc 键退出。

8.5.4　幕墙嵌板

1.合并嵌板

若要合并幕墙中的嵌板,需删除幕墙网格线段。

①创建带网格的幕墙。

②选择幕墙网格。

③单击"修改|幕墙网格"选项卡"幕墙网格"面板中的"添加/删除线段"。

④单击幕墙网格线段以删除该线段。删除线段时,相邻嵌板会自动合并在一起,如图 8-11 所示。

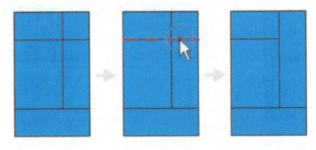

图 8-11　合并幕墙嵌板

2.分割嵌板

在幕墙中,可用分段添加到现有的幕墙网格来分割嵌板以创建多个嵌板。

①选择幕墙网格。

②单击"修改|幕墙网格"选项卡"幕墙网格"面板中的"添加/删除线段"。

③单击虚线段以恢复幕墙网格线段。虚线表示先前删除的线段。连接嵌板恢复到其未连接时的状态。如果现有幕墙网格在需要的位置不包含轴线,则可以修改网格布局。

3.编辑嵌板

有时可能需要在幕墙嵌板上开一个洞口,如通风孔。可通过将嵌板作为内建图元进行编辑来创建洞口。

①选择一个幕墙嵌板,然后单击"修改|幕墙嵌板"选项卡"模型"面板中的"在位编辑"。

②选择嵌板。

③要编辑嵌板的形状,单击"修改|玻璃"选项卡"模式"面板中的"编辑拉伸"。

④在草图模式下,根据需要改造嵌板。例如,可以在嵌板上添加一个门洞。

⑤单击"√",完成编辑模式。

4.自定义嵌板

新建嵌板族,选用的样板有:公制幕墙嵌板.rft、公制门-幕墙.rft、公制窗-幕墙.rft。以创建一个 900mm×2100mm 的幕墙单开玻璃门为例,自定义嵌板的步骤如下。

①新建族,选用公制门-幕墙.rft,并存盘为"幕墙单开玻璃门 900×2100.rfa"。

②修改族类型为门。

③在参照平面视图中,调整"左/右"参照平面的距离为 900.0;在外部视图中,调整"顶"参照平面,离地距离为 2100.0,如图 8-12 所示,并设置族参数"门高""门宽"进行约束。

图 8-12　调整参照平面

④工作平面选中心(前/后)参照平面,视图选"外部",利用"实体拉伸"创建玻璃门,设置玻璃门材质,设置拉伸的相关属性,设置子类型为嵌板,如图 8-13 所示。

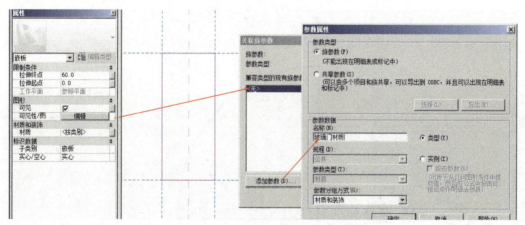

图 8-13　关联参数

⑤设置偏移参数。先标注,对中心(前/后)参照平面和玻璃门的边进行标注,长度为 0,并锁定,设置族参数"偏移"进行约束,如图 8-14 所示。

⑥在参照标高视图上绘制门板内边、门板中线,并标注及等分锁定。在立面视图上绘制拉手离地高、拉手离门框距离参照平面并锁定,如图 8-15 所示。

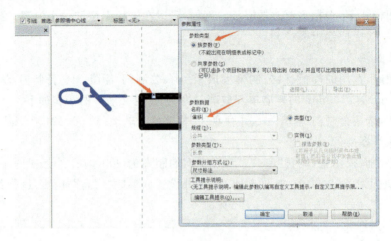

图 8-14　设置偏移参数

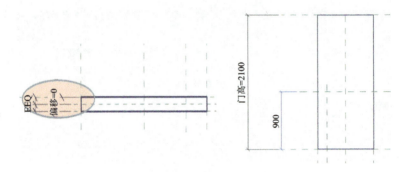

图 8-15　绘制并锁定平面

⑦插入构件族"立式长拉手",如图 8-16 所示。

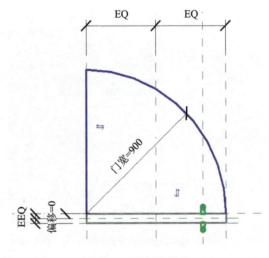

图 8-16　设置构件族

⑧通过"构件"命令插入把手,修改把手的类型属性"门扇厚"为 50;并利用"对齐"命令,让把手与门板中线、把手离地高、把手离门框距离三个参照平面对齐,并锁定。

⑨根据相关设计规范,在参照平面视图中设置模型的视图可见性,绘制符号线,如图 8-17 所示,注意进行相关联锁定。增加"双向水平""双向垂直"控件。

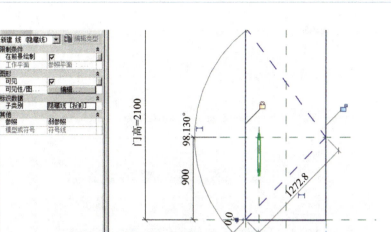

图 8-17 设置视图可见性,绘制符号线

⑩在外部立面视图上,增加开启方向符号线,并进行锁定。

⑪载入项目中,更新幕墙的嵌板,如图 8-18 所示。由于嵌板的特殊性,如果嵌板的大小与嵌板门不一致,就会进行相应的延伸与裁剪。

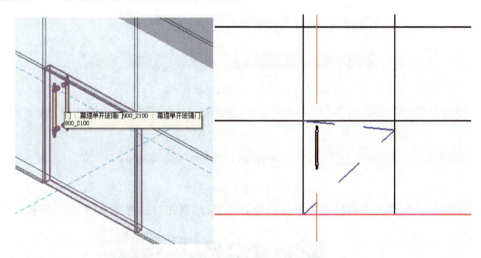

图 8-18 将族载入项目

8.5.5 创建排演楼项目幕墙

下面以北立面幕墙为例,介绍如何创建排演楼幕墙。

①在 AutoCAD 软件中分别将 1F 地下层平面图和北立面图(即 10 轴—1 轴立面图)单独写块保存。

②在 Revit 中切换至-1F 楼层平面视图,将分割出来的-1F 地下层平面图导入并定位到正确位置。

③单击"建筑"选项卡"构建"面板中"墙"下拉列表中的"墙:建筑";从属性栏的"类型选择器"下拉列表中选择"幕墙"。单击属性栏中的"编辑类型",弹出"类型属性"对话框,将"水平网格"和"垂直网格"下的"布局"均改为"无";"垂直竖梃"和"水平竖梃"下的"内部类型"也均改为"无",如图 8-19 所示,单击"确定"。

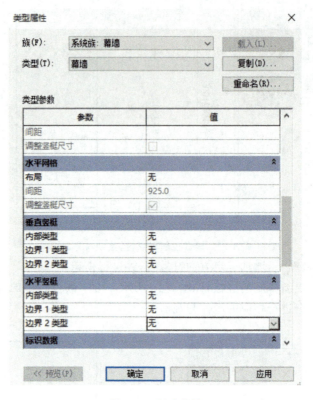

图 8-19　创建幕墙

④将选项栏的"深度/高度"设置为高度,"未连接/标高"选择为梯屋面标高,如图 8-20 所示。

图 8-20　设置幕墙参数

⑤在平面上按照北立面幕墙所在位置绘制幕墙,绘制完后的效果如图 8-21 所示。

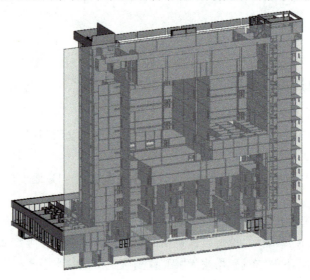

图 8-21　绘制幕墙效果

⑥切换至北立面视图,在视图中导入北立面图的 CAD 图纸并定位、锁定。

⑦同时选中绘制的北立面幕墙和导入的北立面图,单击视图控制栏中的"临时隐藏/隔离",在列表中选择"隔离图元",如图 8-22 所示。此时视图中将只显示幕墙和导入的北立面图纸。

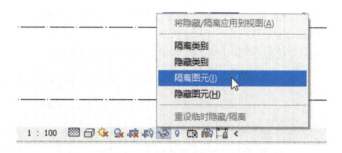

图 8-22　隔离图元

⑧选择绘制的北立面幕墙,单击"修改|墙"选项卡"模式"面板中的"编辑轮廓",将幕墙边界轮廓线修改为北立面图上对应的幕墙轮廓,如图 8-23 所示,单击"√"完成编辑。

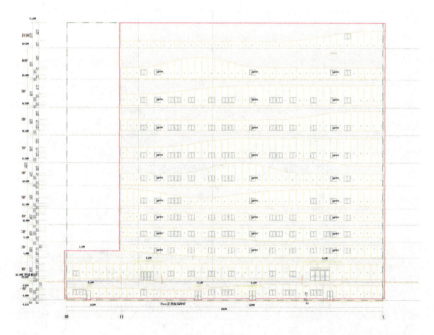

图 8-23　编辑幕墙

⑨分割幕墙网格。单击"建筑"选项卡"构建"面板中的"幕墙网格",按照立面图上的幕墙网格中心线放置所有的幕墙网格线(注意,沿幕墙边界线才能放置幕墙网格线),最后划分完网格的幕墙如图 8-24 所示。

⑩添加竖梃。单击"建筑"选项卡"构建"面板中的"竖梃",在属性栏上单击"编辑类型",在弹出的对话框中单击"复制",将复制的新竖梃命名为"50×100mm",其属性中的"边 2 上的宽度"和"边 1 上的宽度"均设置为"50.0",如图 8-25 所示。

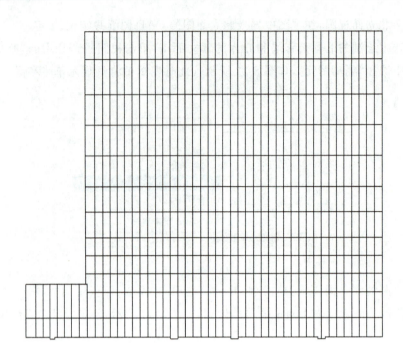

图 8-24　分割幕墙网络

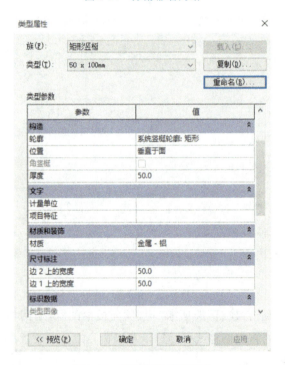

图 8-25　设置竖梃类型属性

单击"修改|放置竖梃"选项卡"放置"面板中的"全部网格",单击幕墙即可在所有幕墙网格线处均添加竖梃。

⑪分割幕墙门窗嵌板。单击"建筑"选项卡"构建"面板中的"幕墙网格",然后单击"修改|放置幕墙网格"选项卡"放置"面板中的"一段",在某个幕墙门或窗上、下边缘线上单击即可添加

一段网格线。如图 8-26 所示,第一个幕墙窗上、下网格线用如上方法添加,然后按 Esc 键退出。选择第一个幕墙窗上边网格线,在"修改"选项卡"幕墙网格"面板上单击"添加/删除线段",在同一直线上的其他幕墙窗上边均单击添加网格线。下边网格线操作方法相同。其余幕墙门窗网格线操作方法也均相同,以上操作直至所有门窗嵌板均分割完。

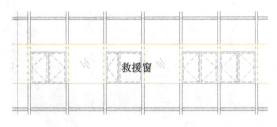

图 8-26　分割门窗嵌板

⑫替换门窗嵌板。将光标放在某个幕墙窗嵌板边缘,按 Tab 键切换选择,直至该嵌板高亮显示时,单击选择该嵌板,若嵌板上出现锁头符号 ,则单击该符号解锁。在属性栏的"类型选择器"下拉列表中选择"窗嵌板_70－90 系列双扇推拉铝窗 70 系列",即可将嵌板替换成该幕墙窗。若列表中没有此族选项,则需先从系统族文件夹中载入该族。替换门嵌板操作与此相同。

其余立面上的幕墙创建方法与此相同,最终北立面幕墙效果如图 8-27 所示。

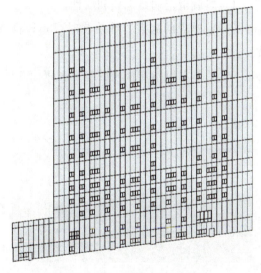

图 8-27　北立面幕墙最终效果图

8.6　楼　　梯

Revit 可以通过定义楼梯梯段或通过绘制踢面线和边界线的方式来快速创建直跑楼梯、带平台的 L 形楼梯、U 形楼梯、螺旋楼梯等各种楼梯,并自动生成楼梯栏杆扶手。楼梯主体、踢面、踏板、梯边梁等的尺寸、材质等参数都可以独立设置,从而衍生出各种各样的楼梯样式,并满足楼梯施工图的设计要求。在 Revit 中,楼梯各部分对应的注释如图 8-28 所示。

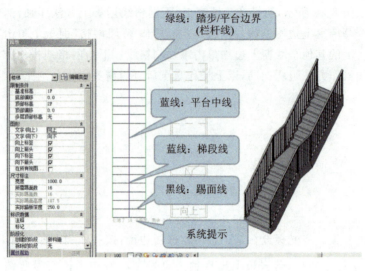

图 8-28 楼梯注释

8.6.1 创建直梯段

1.创建单条直梯段

①选择"直梯段构件"工具,然后指定初始选项和属性。

②在绘图区域中,单击以指定梯段的起点。在绘制时,Revit 将指示梯段边界和达到目标标高所需的完整台阶数。

③移动光标以绘制梯段,然后单击以指定梯段的终点和踢面总数,如图 8-29 所示。

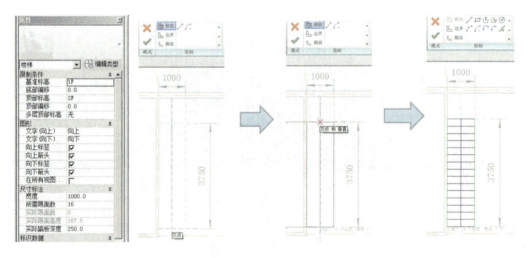

图 8-29 绘制梯段

④在快速访问工具栏上单击"默认三维视图",在退出楼梯编辑模式之前以三维形式查看梯段。

⑤在"模式"面板上,单击"√"完成编辑模式,效果如图 8-30 所示。

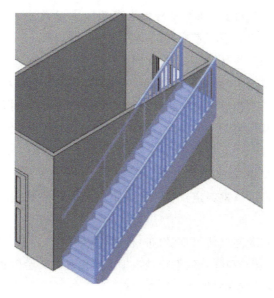

图 8-30　完成单条直梯段的创建效果

2.创建两个由平台连接的垂直梯段

①选择直梯段构件工具并指定初始选项。

②在选项栏上选择"定位线"的值,确认"自动平台"处于选定状态。

③单击以开始绘制第一个梯段。

④在达到所需的踢面数后,单击以定位平台。

⑤沿着延长线移动光标,然后单击以开始绘制第二个梯段剩下的踢面。请注意,平台是自动创建的(默认平台深度等于梯段宽度)。

⑥单击以完成第二个梯段。

⑦在"模式"面板上,单击"√"完成编辑模式,如图 8-31 所示。

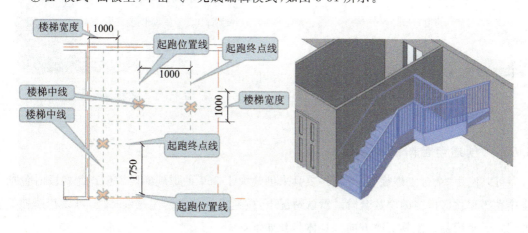

图 8-31　由平台连接的垂直梯段

8.6.2　创建 L 形或 U 形斜踏步梯段

①选择"斜踏步梯段"构件工具,然后指定初始选项和属性。

②在选项栏上设置"定位线",如果要将带支撑的梯段与墙对齐,请选择"梯边梁外侧:左"或"梯边梁外侧:右"。要对齐不带支撑的梯段,"梯边梁外侧:左"和"梯段:左"具有相同的对齐行为("外部支撑:右"和"梯段:右"与此相同)。

③在选项栏上清除或选中"镜像预览"以更改默认的斜踏步布局方向。

④按空格键可旋转斜踏步梯段的形状,以便梯段朝向所需的方向。

⑤如果相对于墙或其他图元定位梯段,则将光标靠近墙,会注意到斜踏步楼梯捕捉到相对于墙的位置。

⑥单击以放置斜踏步梯段,如图 8-32 所示。

⑦使用直接操纵控件可以重新定位梯段长度或平衡斜踏步长度之间的台阶,以及修改其他布局属性。

⑧可以在梯段的起点和终点使用直(均布)台阶替换斜踏步台阶。首先,选择梯段,在属性栏中的"斜踏步"下,为起点和终点的平行踏板输入所需的均布台阶数。

⑨在快速访问工具栏上单击"默认三维视图"。

⑩在"模型"面板上,单击"√"完成编辑模式,如图 8-33 所示.

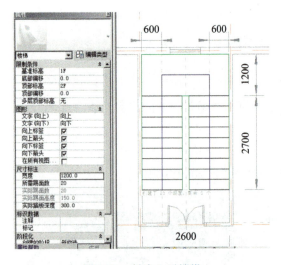

图 8-32　创建 L 形楼梯

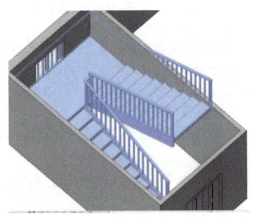

图 8-33　L 形楼梯效果图

8.6.3　创建全台阶螺旋梯段

可以使用"全台阶螺旋"梯段构件工具来创建大于 360°的螺旋梯段。创建此梯段时包括连接底部和顶部标高的全数台阶。默认情况下,按逆时针方向创建螺旋梯段,可以在楼梯编辑模式下使用翻转工具更改方向。具体步骤如下:

①选择"全台阶螺旋"梯段构件工具,然后指定初始选项和属性。

②在绘图区域中,单击以指定螺旋梯段的中心点。

③移动光标以指定梯段的半径。在绘制时,将指示梯段边界和达到目标标高所需的完整台阶数。默认情况下,按逆时针方向创建梯段。

④单击以完成梯段。

⑤在快速访问工具栏上单击"默认三维视图",在退出楼梯编辑模式之前以三维形式查看梯段。

⑥在"工具"面板上,单击"翻转",将楼梯的旋转方向从逆时针更改为顺时针。

⑦在"模式"面板上,单击"√"完成编辑模式,如图 8-34 所示。

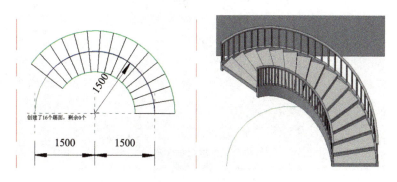

图 8-34　全台阶螺旋楼梯

8.6.4　创建异形楼梯

对于异形楼梯的创建有两种方法:绘制边界线和踢面线,编辑常规楼梯的边界线和踢面线。

注意:如果在楼梯中间带休息平台,则无论是异形楼梯还是常规楼梯,在平台与踏步交界处的楼梯边界线必须拆分为两段或分开绘制,否则无法创建楼梯。

1.绘制边界线和踢面线

①如图 8-35 所示,绘制参照平面。

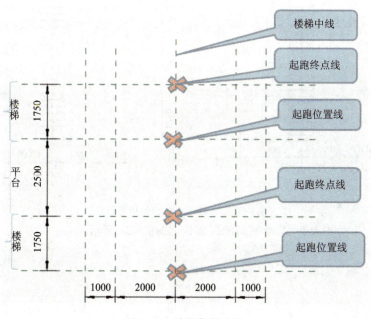

图 8-35　绘制参照平面

②绘制边界线。在图 8-36 所示位置进行拆分,边界线的起始点代表了楼梯方向。

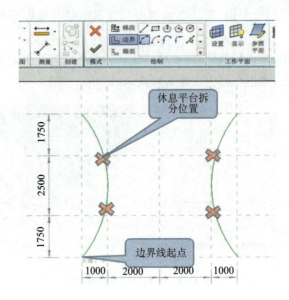

图 8-36　绘制楼梯边界线

③绘制踢面线。

④完成绘制。

2. 编辑常规楼梯的边界线和踢面线

①如图 8-37 所示,绘制常规楼梯,删除边界线,绘制新边界线,并进行相应的拆分。

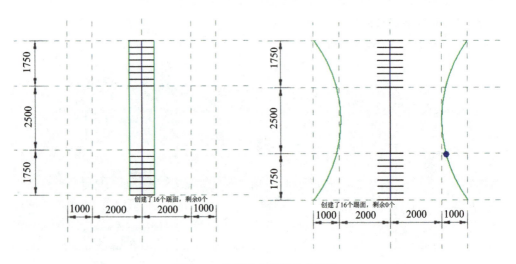

图 8-37　编辑常规楼梯的边界线

②删除上、下两条踢面线,绘制新的踢面线,如图 8-38 所示。

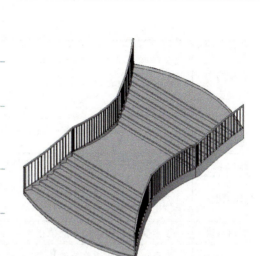

图 8-38 绘制踢面线

8.6.5 编辑楼梯

1. 实例属性

多层建筑中创建了首层楼梯后,如各层层高相同,其余各层楼梯不需要绘制,只需设置实例属性中的"多层顶部标高"为相应标高,生成后的楼梯仍是一个整体,所有修改都会整体更新。实例属性中参数值对应的含义见表 8-9。

表 8-9   楼梯实例属性参数对应的含义

名称	说明
限制条件	
基准标高	设置楼梯的基面
底部偏移	设置楼梯相对于基准标高的高度
顶部标高	设置楼梯的顶部
顶部偏移	设置楼梯相对于顶部标高的偏移量
多层顶的标高	设置多层建筑中楼梯的顶部。相对于绘制单个梯段,使用此参数的优势是:如果修改一个梯段上的扶手,则会在所有梯段上修改此扶手。另外,如果使用此参数,Revit Architecture 项目文件的大小变化也不如绘制单个梯段时那么明显。(注意:多层建筑的标高应等距分开。例如,每个标高应相距 4m。)
图形	
文字(向上)	设置平面中"向上"符号的文字。默认值为 UP
文字(向下)	设置平面中"向下"符号的文字。默认值为 DN
向上标签	显示或隐藏平面中的"向上"标签
上箭头	显示或隐藏平面中的"向上"箭头
向下标签	显示或隐藏平面中的"向下"标签
下箭头	显示或隐藏平面中的"向下"箭头

续表

名称	说明
在所有视图中显示向上箭头	在所有项目视图中显示向上箭头
尺寸标注	
宽度	楼梯的宽度
所需踢面数	踢面数是基于标高间的高度计算得出的
实际踢面数	此值通常与所需踢面数相同,但如果未向给定梯段完整添加正确的踢面数,则这两个值也可能不同。该值为只读
实际踢面高度	显示实际踢面高度。此值小于或等于在"最大踢面高度"中指定的值。该值为只读
实际踏板深度	用户可设置此值修改踏板深度,而不必创建新的楼梯类型。另外,楼梯计算器也可修改此值以实现楼梯平衡

2. 类型属性

楼梯类型属性中的各参数含义见表 8-10。

表 8-10　　　　　　　　　　楼梯类型属性参数对应的含义

名称	说明
构造	
计算规则	单击"编辑"以设置楼梯计算规则
延伸到基准之下	将梯边梁延伸到楼梯基准标高之下。对于梯边梁附着至楼板洞口表面而不是放置在楼板表面的情况,可以使用此属性。要将梯边梁延伸到楼梯之下,请输入负值
整体浇筑楼梯	指定楼梯将由一种材质构造
平台重叠	将楼梯设置为整体浇筑楼梯时启用。如果某个整体浇筑楼梯拥有螺旋形楼梯,此楼梯端则可以是平滑式或阶梯式底面。如果是阶梯式底面,则此参数可控制踢面表面到底面上相应阶梯的垂直表面的距离
螺旋形楼梯底面	将楼梯设置为整体浇筑楼梯时启用。如果某个整体浇筑楼梯拥有螺旋形楼梯,则此楼梯底端可以是光滑式或阶梯式底面
功能	指示楼梯是内部的(默认值)还是外部的。功能可用在计划中并创建过滤器,以便在导出模型时对模型进行简化
图形	
平面中的波折符号	指定平面视图中的楼梯图例是否具有截断线
文字大小	修改平面视图中 UP-DN 符号的尺寸
文字字体	设置 UP-DN 符号的字体
材质和装饰	
踏板材质	单击此按钮可打开"材质"对话框
踢面材质	请参见"踏板材质"说明

名称	说明
梯边梁材质	请参见"踏板材质"说明
整体式材质	请参见"踏板材质"说明
踏板	
踏板深度最小值	设置"实际踏板深度"实例参数的初始值。如果"实际踏板深度"值超出此值,Revit Architecture 会发出警告
踏板厚度	设置踏板的厚度
楼梯前缘长度	指定相对于下一个踏板的踏板深度悬挑量
楼梯前缘轮廓	添加到踏板前侧的放梯轮廓。Revit Architecture 已经预定义了可用于放样的轮廓
踏面	
最大踢面高度	设置楼梯上每个踢面的最大高度
开始于踢面	如果选中,Revit Architecture 将向楼梯开始部分添加踢面。如果清除此复选框,Revit Architecture 则会删除起始踢面。请注意,如果清除此复选框,则可能会出现有关实际踢面数超出所需踢面数的警告。要解决此问题,请选中"结束于踢面",或修改所需的踢面数量
结束于踢面	如果选中,Revit Architecture 将向楼梯末端部分添加踢面。如果清除此复选框,Revit Architecture 则会删除末端踢面
踢面类型	创建直线型或倾型踢面或不创建踢面
踢面厚度	设置踢面厚度
踢面至踢板连接	切换踢面与踢板的相互连接关系。踢面可延伸至踢板之后,或踢板可延伸至踢面之下
梯边梁	
在顶部修剪梯边梁	"在顶部修剪梯边梁"会影响楼梯段上梯边梁的顶端。如果选择"不修剪",则会对梯边梁进行单一垂直剪切,生成一个顶点。如果选择"匹配标高",则会对梯边梁进行水平剪切,使梯边梁顶端与顶部标高等高。如果选择"匹配平台梯边梁",则会在平台上的梯边梁顶端的高度进行水平剪切。为了清楚地查看此参数的效果,可能需要清除"结束于踢面"复选框
右侧梯边梁	设置楼梯右侧的梯边类型。"无"表示没有梯边梁,闭合梯边梁将踏板和踢面围住,开放梯边梁没有围住踏板和踢面
左侧梯边梁	请参见右侧梯边梁的说明
中间梯边梁	设置楼梯左右侧之间的楼梯下方出现的梯边梁数量
梯边梁厚度	设置梯边梁的厚度
梯边梁高度	设置梯边梁的高度
开放梯边梁偏移	楼梯拥有开放梯边梁时启用。从一侧向另一侧移动开放梯边梁。例如,如果对开放性的右侧梯边梁进行偏移处理,此梯边梁则会向左侧梯边梁移动

续表

名称	说明
楼梯踏步梁高度	控制侧梯边梁和踏板之间的关系。如果增大此数字,梯边梁则会从踏板向下移动,而踏板不会移动,扶手不会修改相对于踏板的高度,但栏杆会向下延伸直至梯边梁顶端。此高度是从踏板末端(较低的角部)测量到梯边梁底侧的距离(垂直于梯边梁)
平台斜梁高度	允许梯边梁与平台的高度关系不同于梯边梁与倾斜梯段的高度关系。例如,此属性可将水平梯边梁降低至 U 形楼梯上的平台

8.7 坡　　道

本案例项目中无坡道构件,如遇坡道构件,可用如下方法进行创建。
①打开平面视图或三维视图。
②单击"建筑"选项卡"楼梯坡道"面板中的"坡道"。
③要选择不同的工作平面,则在"建筑""结构"或"系统"选项卡上单击"工作平面"面板上的"设置"。
④单击"修改|创建坡道草图"选项卡"绘制"面板上的"线"或"圆心-端点弧"。
⑤将光标放置在绘图区域中,并拖曳光标绘制坡道梯段。
⑥单击"√"完成编辑模式。
提示:"顶部标高"和"顶部偏移"属性的默认设置可能会使坡道过长。尝试将"顶部标高"设置为当前标高,并将"顶部偏移"设置为较低的值。

8.8 栏 杆 扶 手

扶手(栏杆)是建筑设计中一个非常重要的构件。Revit 不仅可以将扶手附着到楼梯、坡道和楼板上,而且可以将扶手作为独立构件添加到楼层中。Revit 除了样板中自带的几种扶手类型外,还可以自己定义扶手和栏杆轮廓族,并载入项目中组成新的栏杆扶手类型。

8.8.1　绘制栏杆扶手

绘制栏杆扶手的步骤如下。
①单击"建筑"选项卡"楼梯坡道"面板"栏杆扶手"下拉列表中的"绘制路径"。
②如果不在可以绘制栏杆扶手的视图中,则将提示拾取视图。从列表中选择一个视图,并单击"打开视图"。
③单击"修改|创建栏杆扶手路径"选项卡"工具"面板中的"拾取新主体",以设置栏杆扶手的主体,并将光标放在主体(例如楼板或楼梯)附近。移动光标时,相应的主体会高亮显示。在主体上单击以选择它。
注意:要选择楼层,在绘图区域中单击即可开始绘制栏杆扶手。
④在"选项"面板上选择"预览"以沿绘制的路径显示栏杆扶手系统几何图形。

⑤绘制栏杆扶手。如果正在将栏杆扶手添加到一段楼梯上,则必须沿着楼梯的内线绘制栏杆扶手,以便正确设置栏杆扶手主体和使其倾斜。

　　⑥在属性栏中根据需要修改实例属性,或者单击"编辑类型"以访问并修改类型属性。

　　⑦单击"√"完成编辑模式。

　　⑧转换到三维视图查看栏杆扶手,如图 8-39 所示。

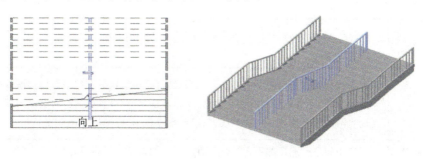

图 8-39　栏杆扶手的三维视图

8.8.2　栏杆扶手的属性

1. 实例属性

栏杆扶手的实例属性各参数对应的含义见表 8-11。

表 8-11　　　　　　　　　　　　栏杆扶手的实例属性参数对应的含义

名称	说明
限制条件	
基准标高	设置扶手的基准标高。可以将此值修改为项目中的任何标高
底部偏移	高于或低于基准标高指定距离偏移扶手
尺寸标注	
长度	扶手的实际长度
标识数据	
注释	扶手的注释
标记	应用于扶手的标记。此标记可以是显示在具有扶手的多类别标记中的标签
阶段化	
创建阶段	创建扶手的阶段
拆除的阶段	拆除扶手的阶段

2. 类型属性

栏杆扶手的类型属性各参数对应的含义见表 8-12。

表 8-12　　　　　　　　　　　　栏杆扶手的类型属性参数对应的含义

名称	说明
制造	
扶手高度	设置扶手结构中最高扶手的高度

名称	说明
扶手结构	打开一个独立对话框,在此对话框中可以设置每个扶手的扶手编号、高度、偏移、材质和轮廓族(形状)
栏杆位置	单独打开一个对话框,在其中定义栏杆样式
栏杆偏移	距扶手绘制线的栏杆偏移。通过设置此属性和扶手偏移的值,可以创健扶手和栏杆的不同组合
使用平台高度调整	此参数可控制平台扶手的高度。如果设置为"否",则平台扶手与楼梯段等高。如果设置为"是",平台扶手高度则会根据"平台高度调整"设置值进行向上或向下调整。要实现光滑的扶手连接,请将"切线连接"参数设置为"延伸扶手使其相交"
平台高度调整	基于中间平台或顶部平台"扶手高度"参数的指示值提高或降低扶手高度
斜接	如果两段扶手在平面内成角相接,但没有垂直连接,则 Revit Architecture 既可添加垂直或水平段进行连接,也可不添加连接件而保留间隙。这可用于创建连续扶手,其中,从平台向上延伸的楼梯梯段的起点无法由一个踏板宽度替代,可以逐个替换每个连接的连接方式
切线连接	如果两段相切扶手在平面内共线或相切,但没有垂直连接,Revit Architecture 既可添加垂直或水平线段进行连接,或延伸线段使其相交,也可以不添加连接件而保留间隙。这样即可在扶手高度平台处进行修改或扶手延伸至楼梯末端之外的情况下创建光滑连接。可以逐个替换每个连接的连接方式
扶手连接	在扶手段之间进行连接时,Revit Architecture 将试图创建斜接连接。如果不能进行斜接连接,则可修剪各段(即使用垂直平面对其进行剪切),或对其进行接合(即使用与斜接尺可能相近的方法连接各段)。接合连接最适合于圆形扶手轮廓
标识数据	
注释记号	添加或编辑扶手注释记号。在值框中单击,打开"注释记号"对话框
模型	定义扶手模型
制造商	定义扶手制造商
类型注释	扶手注释
URL	设置适用 URL
说明	扶手说明
部件说明	基于所选部件代码的部件说明
部件代码	从层级列表中选择的统一格式部件代码
类型标记	设置扶手类型标记
成本	扶手成本

8.8.3　自定义栏杆扶手

在 Revit 中,栏杆扶手是一种比较特殊的构件,它不同于门窗等简单的构件族,它由扶手族和栏杆族构成。其中,扶手是二维轮廓族,栏杆是三维构件族。栏杆族又分为常规栏杆、栏杆支柱、栏杆嵌板三种形式。用户可以自定义自己的扶手族和栏杆族。

①编辑扶手类型,单击"复制"将扶手类型改为"玻璃嵌板栏杆",如图 8-40 所示。

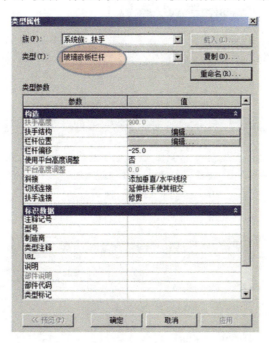

图 8-40　编辑扶手类型

②插入嵌板族"栏杆嵌板-玻璃,带托架. rfa"。

③插入支柱族"立柱 4 中式. rfa"。

④编辑扶手结构,如图 8-41 所示。

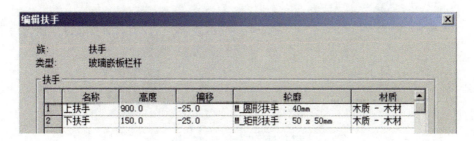

图 8-41　编辑扶手结构

⑤编辑栏杆位置。栏杆族选择"栏杆嵌板-玻璃,带托架:450mm,有 25mm 间隙",距离设为 590mm,对齐设为起点,行 3 的偏移值设为 300mm,如图 8-42 所示。

⑥定义支柱样式。如图 8-43 所示,栏杆族选用"立体 4 中式:立体 4 中式",设置"转角支柱位置"为每段扶手末端,效果如图 8-44 所示。

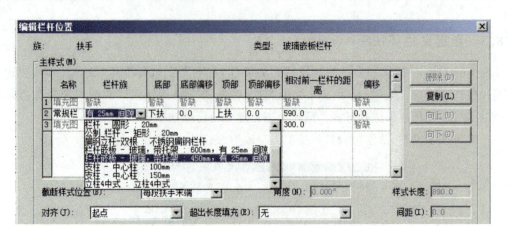

图 8-42　编辑栏杆位置

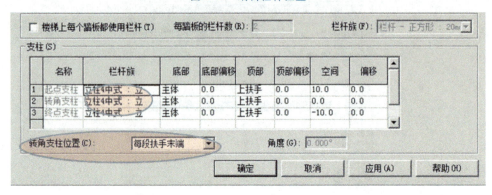

图 8-43　定义支柱样式

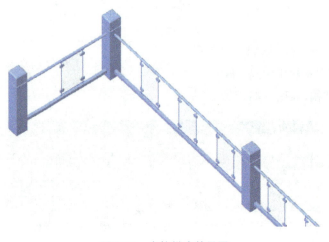

图 8-44　支柱样式效果图

8.9　屋　　顶

排演楼项目中的屋面均为平屋面,因此,直接用楼板创建即可。若需要创建其他形式的屋顶,可采用以下方法。

8.9.1　创建坡度屋顶

①显示楼层平面视图或天花板投影平面视图。

②单击"建筑"选项卡"构建"面板"屋顶"下拉列表中的"迹线屋顶"。

注：如果试图在最低标高上添加屋顶，则会出现一个对话框，提示用户将屋顶移动到更高的标高上。如果选择不将屋顶移动到其他标高上，Revit 会随后提示屋顶是否过低。

③在"绘制"面板上选择某一绘制或拾取工具。若要在绘制之前编辑屋顶属性，则在属性栏中进行设置。

提示：使用"拾取墙"命令可在绘制屋顶之前指定悬挑。在选项栏上，如果希望从墙核心处测量悬挑，请选择"延伸到墙中（至核心层）"，然后为"悬挑"指定一个值。

④为屋顶绘制或拾取一个闭合环。

⑤指定坡度定义线。要修改某一线的坡度定义，请选择该线，在属性栏中单击"定义屋顶坡度"，然后可以修改坡度值。如果将某条屋顶线设置为坡度定义线，它的旁边便会出现符号 ，如图 8-45 所示。

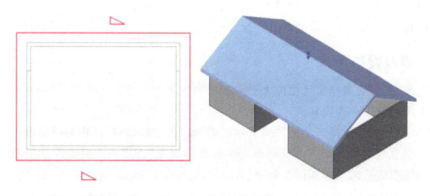

图 8-45　创建坡度屋顶

⑥单击"√"完成编辑模式。

注：要应用玻璃斜窗，请选择"屋顶"，然后在"类型选择器"中选择"玻璃斜窗"。可以在玻璃斜窗的幕墙嵌板上放置幕墙网格。按 Tab 键可在水平和垂直网格之间进行切换。

要将一个屋顶添加到另一个屋顶中，需要截断一个屋顶以便在其顶部上绘制另一个屋顶。首先在绘图区域中选择要截断的屋顶，再在属性栏中指定"截断标高"，然后为"截断偏移"指定一个高度。此属性指定了高于或低于屋顶被截断处标高的距离。在现有屋顶的顶部绘制新屋顶。

8.9.2　创建拉伸屋顶

①显示立面视图、三维视图或剖面视图。

②单击"建筑"选项卡"构建"面板"屋顶"下拉列表中的"拉伸屋顶"。

③指定工作平面。

④在"屋顶参照标高和偏移"对话框中，为"标高"选择一个值。默认情况下，将选择项目中最高的标高。

⑤要相对于参照标高提升或降低屋顶，则为"偏移"指定一个值。Revit 以指定的偏移值

放置参照平面。使用参照平面,可以相对于标高控制拉伸屋顶的位置。

　　⑥绘制开放环形式的屋顶轮廓。

　　⑦单击"√"完成编辑模式,即完成拉伸屋顶的创建,如图 8-46 所示。

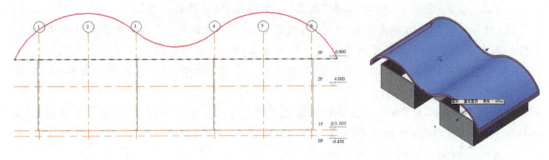

图 8-46　创建拉伸屋顶

根据需要将墙附着到屋顶。创建拉伸屋顶后,可以变更屋顶主体,或编辑屋顶的工作平面。

注:要应用玻璃斜窗,请选择"屋顶",然后在"类型选择器"中选择"玻璃斜窗"。可以在玻璃斜窗的幕墙嵌板上放置幕墙网格。按 Tab 键可在水平和垂直网格之间切换。

8.9.3　修改屋檐截面

创建屋顶后,可通过指定椽截面来更改屋檐的样式。

　　①在绘图区域中选择屋顶。

　　②在属性栏中选择"垂直截面""垂直双截面"或"正方形双截面"作为椽截面。

　　③对于垂直双截面或正方形双截面,为"封檐带深度"指定一个介于零和屋顶厚度之间的值。添加屋檐边后的效果如图 8-47 所示。

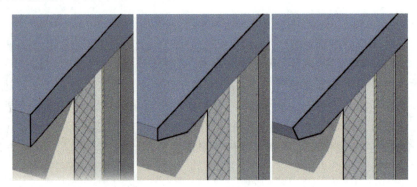

图 8-47　添加屋檐边效果图

8.9.4　添加封檐带

使用"封檐带"工具将封檐带添加到屋顶、檐底板、模型线和其他封檐带的边。

　　①单击"建筑"选项卡"构建"面板"屋顶"下拉列表中的"屋顶:封檐带"。

　　②高亮显示屋顶、檐底板、其他封檐带或模型线的边缘,然后单击以放置此封檐带。单击边缘时,Revit 会将其作为一个连续的封檐带。如果封檐带的线段在角部相遇,则它们会相互斜接。

③单击"修改|放置封檐带"选项卡"放置"面板中的"重新放置封檐带"完成当前封檐带，并放置其他封檐带。

④将光标移到新边缘并单击放置。这个不同的封檐带不会与其他现有的封檐带相互斜接，即便它们在角部相遇。

⑤单击此视图的空白区域，以完成屋顶封檐带的放置。

封檐带轮廓仅在围绕正方形截面屋顶时正确斜接。图 8-48 中的屋顶是通过沿带有正方形双截面的屋顶的边缘放置封檐带而创建的。

图 8-48　添加封檐带

8.9.5　添加檐沟

使用"檐沟"工具将檐沟添加到屋顶、檐底板、模型线和封檐带。

①单击"建筑"选项卡"构建"面板"屋顶"下拉列表中的"屋顶:檐沟"。

②高亮显示屋顶、檐底板、封檐带或模型线的水平边缘，并单击以放置檐沟。观察状态栏，了解有关有效参照的信息。单击边缘时，Revit 会将其视为一条连续的檐沟。

③单击"修改|放置檐沟"选项卡"放置"面板中的"重新放置檐沟"完成当前檐沟，并放置不同的檐沟。

④将光标移到新边缘并单击放置。

⑤单击视图中的空白区域，即完成放置檐沟的操作，如图 8-49 所示。

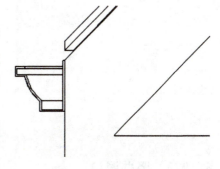

图 8-49　添加檐沟

8.10　创 建 洞 口

使用"洞口"工具可以在墙、楼板、天花板、屋顶、结构梁、支撑和结构柱上剪切洞口。

在剪切楼板、天花板或屋顶时，可以选择竖直剪切或垂直于表面进行剪切，还可以使用绘图工具来绘制复杂形状。

在墙上剪切洞口时,可以在直墙或弧形墙上绘制一个矩形洞口(对于墙,只能创建矩形洞口,不能创建圆形或多边形形状)。

8.10.1 面洞口

面洞口是在垂直于楼板、天花板、屋顶、梁、柱子、支架等构件的斜面、水平面或垂直面上剪切洞口。可以在平面视图、立面视图或三维视图创建面洞口,只需移动光标,拾取相应构件(楼板、天花板等)的斜面、水平面、垂直面,进入绘制模式,绘制洞口边界即可。

8.10.2 垂直洞口

垂直洞口是在楼板、天花板、屋顶或屋檐板上创建垂直于楼层平面的洞口。可以在平面视图或三维视图中创建垂直洞口,方法是移动光标单击拾取楼板、天花板、屋顶或屋檐底板,进入洞口轮廓草图编辑模式,绘制洞口边界即可,如图 8-50 所示。

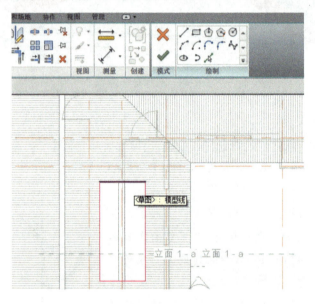

图 8-50 创建垂直洞口

8.10.3 竖井洞口

使用"垂直洞口"只能剪切一层楼板、天花板或屋顶创建一个洞口。对于楼梯间洞口、电梯井洞口、风道洞口等,在整个建筑高度方向上洞口形状、大小完全一致,则可以用"竖井洞口"命令在任意一层的平面视图中创建。

8.10.4 墙洞口

墙洞口是在直线、弧线常规墙上快速创建矩形洞口,并用参数控制其位置及大小。可以在平面视图、立面视图、三维视图中创建墙洞口,方法是单击"墙洞口"命令,移动光标拾取一面直墙或弧形墙体,光标变成"铅笔＋矩形",绘制洞口边界即可,如图 8-51 所示。

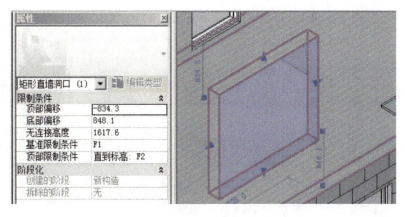

图 8-51　创建墙洞口

8.10.5　老虎窗洞口

老虎窗洞口是比较特殊的洞口,需要同时水平和垂直剪切屋顶。老虎窗的绘制其实就是三面墙和两个屋顶的组合,具体操作方法如下:

①在相应的屋顶层用"轨迹屋顶"绘制双坡子屋顶,如图 8-52 所示,设置相关属性(高1800mm)(为方便操作,可以修改默认屋顶的填充图案为空)。

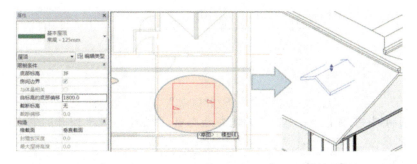

图 8-52　绘制双坡子屋顶

②沿老虎窗屋顶绘制三面矮墙,如图 8-53 所示。注意设置偏移值为 2000。

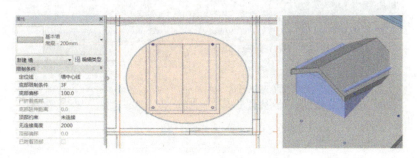

图 8-53　绘制矮墙

③把三面矮墙的底部与顶部分别附着于大屋顶和子屋顶上。

④使用连接屋顶的命令将大小屋顶连接起来,如图 8-54 所示。

⑤切换至屋顶平面,并临时隐藏子屋顶,单击"老虎窗洞口"命令,选择大屋顶,并拾取三面矮墙的内边线,创建三条边界线。

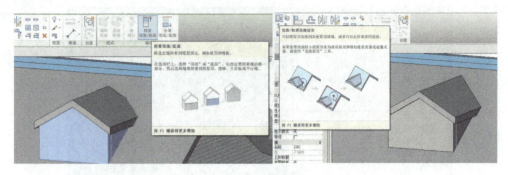

图 8-54　连接屋顶

⑥重设临时隐藏，显示子屋顶，拾取子屋顶边线，创建两条洞口边界线。

注意：如图 8-55 所示，拾取边界后，不需要修剪成封闭轮廓，系统会自动创建老虎窗。

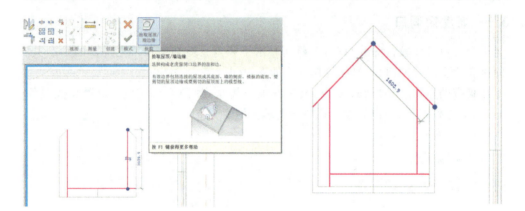

图 8-55　拾取边界

⑦完成绘制，并在墙上开一个窗户。隐藏老虎窗，可见大屋面上所开的老虎窗洞口，效果如图 8-56 所示。

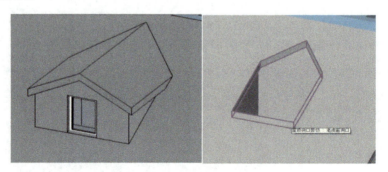

图 8-56　完成老虎窗洞口的创建

第三篇

机电管线Revit建模与工程应用

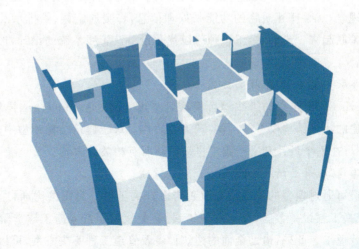

第9章 Revit MEP 基础

Revit 2016 软件中的机电系统是基于建筑信息模型的、面向设备及管道专业的设计和制图的参数化应用平台。专业工程师可在该平台上以更精准的方式建立机械工业、机电工程系统。其中，自动化的布线解决方案让机电工程师可以方便地建立管道工程、卫生工程与配管系统，或是以手动方式配置照明与电力系统。应用该系统可以最大限度地减少水、暖、电设计之间，以及建筑和结构设计之间的协同工作错误。此外，它还为各专业工程师提供最佳的决策参考和建筑物性能分析，促进可持续设计。对于建筑模型中的任何一处变更，MEP系统的参数化修改引擎可自动协调在任何位置（模型视图、图纸、明细表、剖面和平面视图中）的修改。

本章将重点介绍 Revit 2016 软件机电系统的应用及界面，通过用 Revit 2016 软件进行"××歌舞剧院排演办公楼"项目风、水、电等专业模型的搭建，使广大读者快速学习并掌握 Revit 2016 机电系统在实际项目中的应用，熟练掌握利用 Navisworks 进行机电专业碰撞检查的流程及方法。

9.1 Revit MEP 的功能特点

Revit 2016 软件的 MEP 模块是一款智能的设计和制图工具，其可创建面向建筑设备及管道工程的建筑信息模型。使用该模块进行水、暖、电专业设计和建模有以下几方面的优势。

1. 依据专业工程师的思维模式工作，开展智能设计

Revit MEP 借助真实管线进行准确建模，可实现智能、直观的设计流程。Revit MEP 采用整体设计理念，从整座建筑物的功能来处理信息，将暖通空调、给排水及消防和电气系统与建筑模型关联起来。借助它，工程师可以优化设备及管线系统的设计，形成基于模型的协同设计方式。

2. 借助参数化变更管理，提高协调一致性

利用 Revit MEP 建立的管线综合模型可与由 Revit Architecture 模块或 Revit Structure 模块创建的建筑结构模型链接，实现无缝协作。对于建筑结构模型中的任何一处变更，MEP 模块都可在整个设计和文档集中自动更新所有相关的内容。

3. 改善沟通，提升业绩

设计人员可通过模型的可视化来改善与客户关于设计意图的沟通，通过使用建筑信息模型，自动交换工程设计数据，及早发现错误，避免让错误进入施工建造阶段并造成代价高昂的现场设计返工。此外，借助全面的建筑设备及管道工程解决方案，可以最大限度地简化应用软件管理。

9.2 机电管线综合设计流程及方法

在应用 BIM 技术进行风、水、电专业的建模和设计时,应按流程搭建设备和管线的模型,如图 9-1 所示。

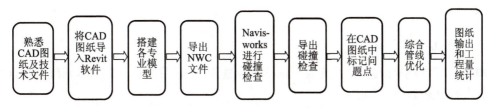

图 9-1 搭建设备和管线模型的流程及方法

9.3 文 件 格 式

在 Revit 软件的系统模块中包含以下 4 种文件格式。

9.3.1 rte 格式

该格式是 MEP 模块的项目样板文件格式,其包含项目参数、项目信息、项目单位、对象样式、文字样式、线型、线宽、线样式、导入/导出设置等内容。

为方便用户使用和避免重复设置,MEP 模块对自带的项目样板文件已经进行了相应的设置,并保存成项目样板文件,作为以后新建项目文件的项目样板。软件自带的项目样板文件有以下三种:

①Systems-DefaultCHSCHS. rte,主要用于暖通、给排水和电气设计。

②Mechanical-DefaultCHSCHS. rte,主要用于暖通和给排水设计。

③Electrical-DefaultCHSCHS. rte,主要用于电气设计。

9.3.2 rvt 格式

该格式是 MEP 模块的项目文件格式,其包含项目的模型、类型属性、注释、视图和图纸等项目内容。在创建项目文件时,通常基于项目样板文件(. rte 文件)创建,完成后保存为. rvt文件。

9.3.3 rfa 格式

该格式是 MEP 模块外部族的文件格式,也称为可载入族文件,项目中所有的电气设备、机械设备、给排水设备、管道附件等族构件都以该文件格式存在。用户可根据项目需要自行创建常用族文件,以便随时在项目中调用。

9.3.4 rft 格式

该格式是创建 MEP 模块外部族的样板文件格式。创建不同的构件族、注释符号和标记需要选择不同的族样板文件。

9.4 创建 Revit MEP 项目

MEP 模型的创建是基于建筑、结构模型进行的，所以在 Revit MEP 模块中创建项目时，用户通常需要先链接相应的建筑、结构模型，并对链接文件进行基本设置，然后进行相关的 MEP 模型搭建。

9.4.1 新建 MEP 项目

单击"应用程序"按钮，在打开的下拉菜单中选择"新建"—"项目"选项，系统将打开"新建项目"对话框，如图 9-2 所示。

此时，可以通过系统自带的项目样板创建项目文件，单击"浏览"按钮，在打开的对话框中选择"Systems-DefaultCHSCHS.rte"作为项目样板文件，然后单击"打开"按钮，即可创建新的 MEP 项目，如图 9-3 所示。

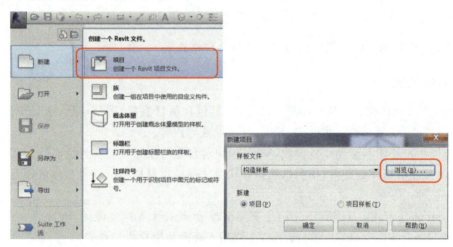

图 9-2 打开"新建项目"对话框

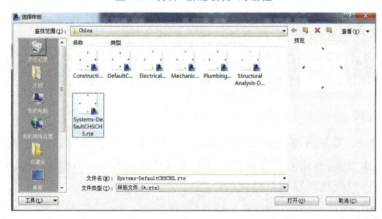

图 9-3 选择系统自带的项目样板创建项目文件

同样，也可以通过已建好的项目样板创建项目文件，单击"浏览"按钮，在打开的对话框中找到教材附件自带的样板文件存放的文件位置，选择"云毕慕机电样板.rte"作为项目的样板文件,然后单击"打开"按钮,即可创建新的 MEP 项目,如图 9-4 所示。

图 9-4　选择已建好的项目样板创建项目文件

最后单击快速访问工具栏上的"保存"按钮 ,命名该项目,如图 9-5 所示。

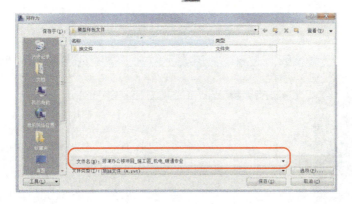

图 9-5　命名项目

单击右下角的"选项"按钮,在弹出的对话框中设置文件保存的最大备份数为 3,如图9-6 所示,最后单击"保存"按钮,这样就完成了 MEP 项目的创建。

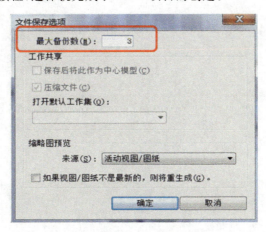

图 9-6　"文件保存选项"对话框

9.4.2 链接模型

在 Revit MEP 模块中,链接模型是指工作组成员在不同专业项目文件中以链接模型进行协同工作。采用该方法进行项目设计的核心是:链接其他专业的项目模型,并应用"复制/监视"功能监视链接模型中的修改。

新建一个 MEP 项目后,单击"插入"选项卡,如图 9-7 所示,在"链接"面板中单击"链接 Revit"按钮,系统将打开"导入/链接 RVT"对话框,如图 9-8 所示。在该对话框中选择要链接的 Revit 模型,并指定相应的定位方式,即可将该建筑模型链接到该项目文件中。在建模过程中,一般会链接其他专业进来,以判断专业间是否会彼此产生干扰等,尤其是绘制机电系统模型时,经常会将建筑模型和结构模型链接进来。

图 9-7 "插入"选项卡

图 9-8 "导入/链接 RVT"对话框

第 10 章　暖通空调系统的创建

中央空调系统是现代建筑设计中必不可少的一部分，尤其是一些面积较大、人流较多的公共场所，更需要高效、节能的中央空调来实现对空气环境的调节。Revit 2016 中的 MEP 模块能较为准确地创建暖通系统模型，直观地反映机电设备及管线的布局。

本章将通过案例“排演办公楼项目暖通空调系统设计”来介绍暖通专业识图和在 Revit 机电系统中的暖通专业的建模方法，并讲解设置风系统及附件的各种属性的方法，使读者了解暖通系统的概念和基础知识，并掌握一定的暖通专业知识，学会在 Revit 机电系统中建模的方法。

10.1　案例简介

本章选用的案例是××歌舞剧院有限公司所建的“排演办公楼通风空调”工程。本工程位于××市梅溪湖先导区，总建筑面积为 15336.81m^2，地上共 10 层，地下 1 层，作为办公、排演用，总建筑高度为 49.90m。本项目采用电制冷方式，各层独立设计变频多联机系统，采用直接蒸发式制冷，室外机根据实际情况布置于屋面，室内机采用薄型风管式室内机，每层设置新风处理机对新风进行集中处理，然后通过风管送至各空调区域。

首先，使用 AutoCAD 软件打开教材附件中“排演办公楼暖通施工图纸.dwg”文件，可以看到图 10-1 所示施工图纸。仔细阅读图纸，了解设计意图，空调、电气、给排水、装修等各专业必须相互协调。

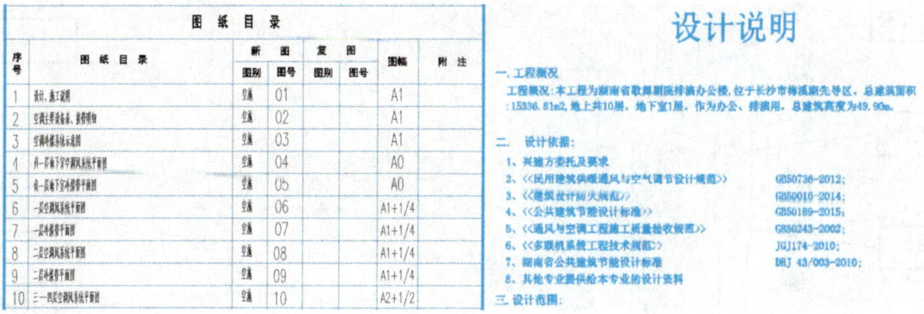

图纸目录

序号	图纸目录	新图 图别	新图 图号	复图 图别	复图 图号	图幅	附注
1	设计、施工说明	空施	01			A1	
2	空调主要设备表、装修明细	空施	02			A1	
3	空调冷媒系统示意图	空施	03			A1	
4	负一层地下室空调风系统平面图	空施	04			A0	
5	负一层地下室冷媒管平面图	空施	05			A0	
6	一层空调风系统平面图	空施	06			A1+1/4	
7	一层冷媒管平面图	空施	07			A1+1/4	
8	二层空调风系统平面图	空施	08			A1+1/4	
9	二层冷媒管平面图	空施	09			A1+1/4	
10	三一四层空调风系统平面图	空施	10			A2+1/2	

设计说明

一、工程概况

工程概况：本工程为湖南省歌舞剧院排演办公楼，位于长沙市梅溪湖先导区，总建筑面积：15336.81m2，地上共10层，地下室1层，作为办公、排演用，总建筑高度为49.90m。

二、设计依据：

1、兴建方委托及要求
2、《民用建筑供暖通风与空气调节设计规范》　GB50736-2012；
3、《建筑设计防火规范》　GB50016-2014；
4、《公共建筑节能设计标准》　GB50189-2015；
5、《通风与空调工程施工质量验收规范》　GB50243-2002；
6、《多联机系统工程技术规范》　JGJ174-2010；
7、湖南省公共建筑节能设计标准　DBJ 43/003-2010；
8、其他专业提供给本专业的设计资料

三、设计范围：

图 10-1　暖通施工图纸

设计说明是对该工程所有图纸及设计、施工要求的叙述，查看图形文件之前，阅读设计说明很有必要，可以帮助读者理解整个工程概况及设计思路。设计说明中还包括图 10-2 所示的图例、主要设备表等信息，使读者读图、识图、搭建模型更加容易。

图例

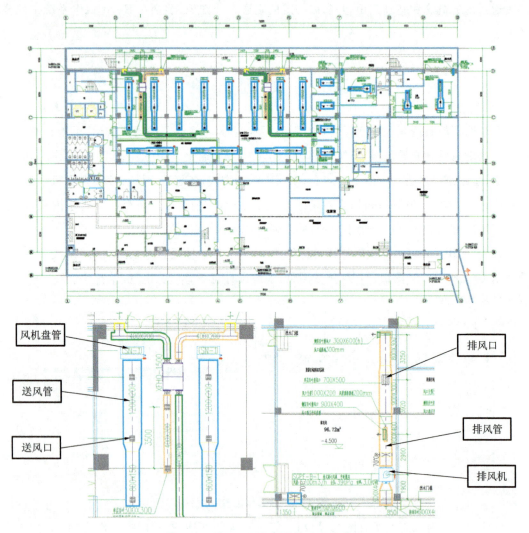

图 10-2　图例及主要设备表

图 10-3 所示为地下一层通风风管平面布置图,由送风管、排风管、送风机、排风机、末端设备等部分组成。各系统风管通过送风机、排风机、连接件连接成完整的地下室通风系统。

图 10-3　地下一层通风风管平面布置图

10.2　标高和轴网的绘制

为了准确定位风管、设备的位置,需要在绘制风管前绘制标高和轴网。另外,使用 Revit 2016 搭建暖通专业模型时,有时为了避免系统过大,也可采用分图绘制的方法,最后再将所有文件通过工作集或链接的方式导入一个文件中查看效果,所以,标高和轴网的准确性在此起着关键作用。

1.通过项目样板创建项目

打开 Revit 2016 软件,单击"应用程序"下拉按钮,选择"新建"—"项目",在弹出的"新建项目"对话框中单击"浏览",找到教材附件里的文件存放位置,选择"云毕慕机电样板.rte"文件,如图 10-4 所示,单击"确定"。

图 10-4　通过自定义项目样板创建项目

2.绘制标高

在项目浏览器中选择南立面,单击"建筑"选项卡的"基准"面板上的"标高"命令,或输入快捷键 LL,在绘图区域绘制案例中所需要的标高,如图 10-5 所示。标高数值可参见建筑或者结构的 CAD 图纸。

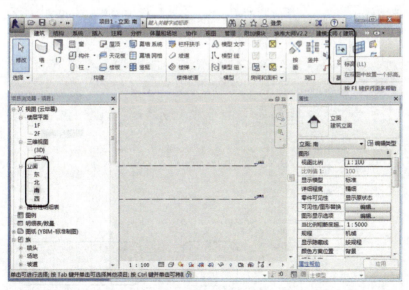

图 10-5　绘制标高

也可将已经创建完的建筑或结构模型链接进来，使用"标高"命令中的"拾取线"命令，通过拾取链接模型中的标高来生成标高，如图 10-6 所示。

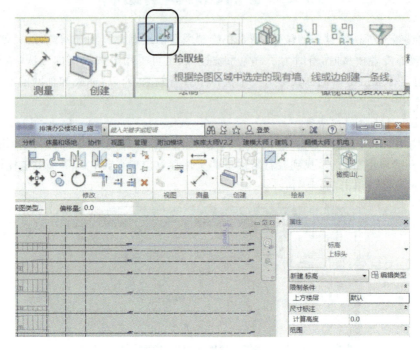

图 10-6　拾取标高

3. 绘制轴网

在项目浏览器中单击"楼层平面"上的"－1F"，回到"－1F"楼层平面，此时可以执行"插入"－"导入 CAD"命令，在弹出的对话框中选择已经按分层导出的 CAD 图纸，插入"负一层空调风系统.dwg"文件，参数设置如图 10-7 所示。

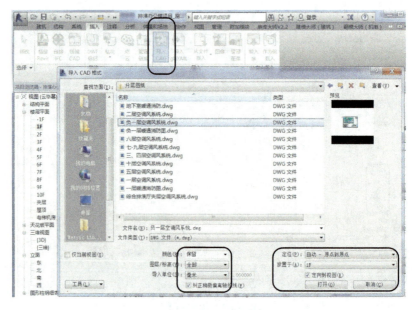

图 10-7　导入 CAD 图纸

解锁刚导进来的图纸,将 CAD 图纸移动到绘图区域的合适位置,锁定其位置,如图 10-8 所示。

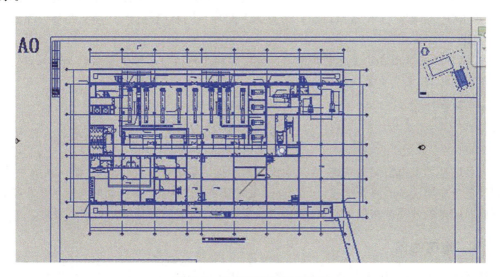

图 10-8　移动和锁定 CAD 图纸

然后单击"基准"选项卡上的"轴网"命令,在绘图区域绘制案例中所需要的轴网。具体位置和标号与 CAD 图纸上的轴网一一对应。

绘制完轴网之后,选择所有轴网(可使用过滤器工具),然后单击"修改轴网"选项卡"修改"面板上的"锁定"命令 ,将轴网的位置锁定,如图 10-9 所示。

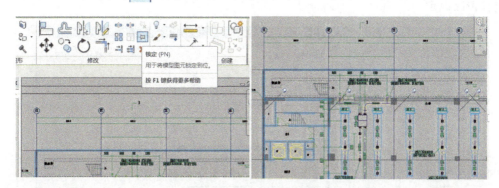

图 10-9　拾取和锁定轴网

以上方法创建的轴网适合刚开始创建的项目或者作为项目其他专业模型的样板,如果项目的建筑和结构等模型已经完成,那么,为了后面整合模型的方便,一般使用链接已有的模型,通过拾取链接模型中的轴网来生成,原理和拾取 CAD 图纸上的轴网是一样的,这样就能使所有专业的模型链接保持在正确的位置上,不会发生偏移。项目的轴网创建方法很多,读者可以自己去尝试一下,这里就不赘述了。

4.保存文件

单击"应用程序"下拉按钮,选择"另存为"—"项目",将名称改为"排演办公楼项目_施工图_机电_暖通专业"。单击"应用程序"下拉按钮,选择"另存为"—"项目",将名称改为"排演办公楼项目_施工图_机电_给排水及消防专业"。单击"应用程序"下拉按钮,选择"另存为"—"项目",将名称改为"排演办公楼项目_施工图_机电_喷淋系统专业"。单击"应用程序"下拉按钮,选择"另存为"—"项目",将名称改为"排演办公楼项目_施工图_机电_强电专业"。单击"应用程序"下拉按钮,选择"另存为"—"项目",将名称改为"排演办公楼项目_施工图_机电_弱电专业"。

注:此步骤的目的在于重复利用刚才所绘制的标高和轴网。对于机电专业来说,项目的文件是一样的,故无须重复绘制。

10.3 风系统的创建

风系统基本上由空调风系统、通风系统及消防排烟系统等系统组成,空调风系统主要由空调设备与连接设备的风管组成,而在 Revit 的 MEP 模块中,可以直观地反映系统布局,实现所见即所得的效果。在创建空调系统之前,需根据设计要求对风管进行参数设置。

10.3.1 隐藏轴网

打开已经保存的"排演办公楼项目_施工图_机电_暖通专业.rvt"文件,在项目浏览器中双击进入"楼层平面"—"-1F"平面视图,在属性栏中选择"视图属性",在弹出的对话框中选择"可见性/图形替换",然后在"注释类别"选项卡下去掉"轴网"前面的"√",如图 10-10 所示,然后单击两次"确定"。

隐藏轴网的目的在于使绘图区域更加清晰,以便于绘图。当然有的时候也不隐藏轴网,视具体情况而定。

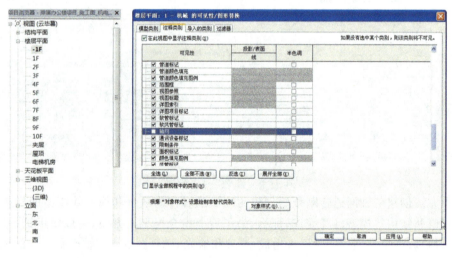

图 10-10 隐藏轴网

10.3.2 设置风管系统

1.设置风管属性

①单击"系统"选项卡下"HVAC"面板中的"风管"命令按钮(图 10-11),或使用快捷键DT,打开绘制风管命令。

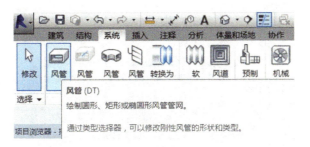

图 10-11　"风管"命令

②在属性栏中点击下拉菜单,可以选择风管的类型,主要有圆形风管、椭圆形风管及矩形风管三种,如图 10-12 所示。

图 10-12　设置风管类型

③如果没有所需的系统类型,比如现在需要创建排风系统,在该机电样板中是没有的,那么就需要手动去创建。在项目浏览器中将导航块往下拉到"族"中找到"风管系统",选中"PF 排风",单击鼠标右键进行复制,再选中复制的"PF 排风 2",单击鼠标右键重命名,将名字改为"PY 排烟",完成新的风管系统创建,如图 10-13 所示。

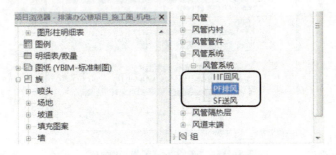

图 10-13　创建风管系统类型

④单击属性栏的类型选择器上的"编辑类型"按钮,打开"类型属性"对话框,如图 10-14 所示。在该对话框中,单击"复制"按钮,可以在已有风管类型基础模板上添加新的风管类型。

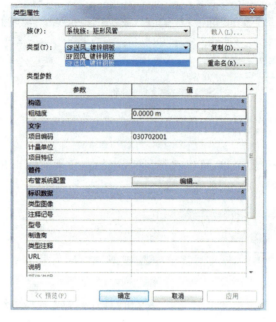

图 10-14　风管"类型属性"对话框

⑤在"类型属性"对话框中,单击"管件"参数组中"布管系统配置"参数右侧的"编辑"按钮,可以打开"布管系统配置"对话框,如图 10-15 所示。通过在"构件"列表中配置各类型风管管件族,可以指定绘制风管时自动添加到风管管路中的管件。

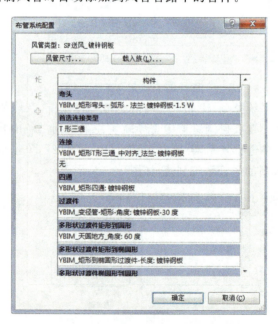

图 10-15　"布管系统配置"对话框

在"布管系统配置"对话框中,可以看到弯头、首选连接类型等构件的默认设置,管道类型名称与弯头、首选连接类型的名称之间是有联系的。各个选项的设置功能如下。

a.弯头:设置风管方向改变时所用弯头的默认类型。

b. 首选连接类型:设置风管支管连接的默认方式。

c. T 形三通:设置 T 形三通的默认类型。

d. 接头:设置风管接头的类型。

e. 四通:设置风管四通的默认类型。

f. 过渡件:设置风管变径的默认类型。

g. 多形状过渡件:设置不同轮廓风管间(如圆形和矩形)的默认连接方式。

h. 活接头:设置风管活接头的默认连接方式,它和 T 形三通是首选连接方式的下级选项。

这些选项设置了管道的连接方式,绘制管道过程中不需要不断改变风管的设置,只需改变风管的类型即可,这样就减少了绘制的麻烦。

在"实例属性"对话框的类型选择器下拉列表中,有 2 种可供选择的管道类型,分别为 SF 送风_镀锌钢板和 HF 回风_镀锌钢板(不同项目样板的分类名称不一样,但原理相同)。它们的区别主要是系统材质的颜色不同。布管系统管件的连接方式如图 10-16 所示。

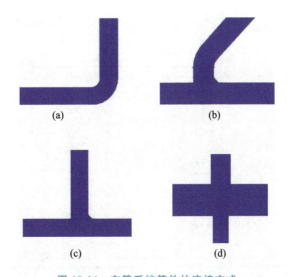

图 10-16　布管系统管件的连接方式

(a)弯头的连接;(b)斜接的过渡件连接;

(c)T 形三通的支管连接;(d)四通的支管连接

2.设置风管尺寸

在 Revit 中,可以通过"机械设置"对话框编辑当前项目文件中的风管尺寸信息。在"管理"选项卡中单击"MEP 设置"下拉按钮,选择列表中的"机械设置"选项,打开"机械设置"对话框,如图 10-17 所示。

在"机械设置"对话框中,分别单击"风管设置"列表中的"矩形""椭圆形"或"圆形"选项,可以分别设定对应形状的风管尺寸。单击"新建尺寸"或者"删除尺寸"按钮可以添加或删除风管的尺寸,如图 10-18 所示。

3.其他设置

在"机械设置"对话框中,单击选中"风管设置"选项组,可以对风管尺寸标注以及风管内

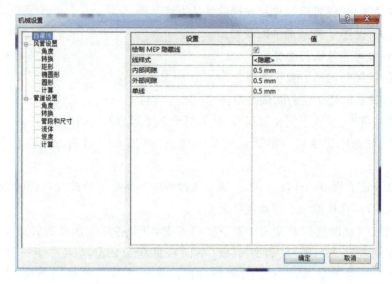

图 10-17　"机械设置"对话框

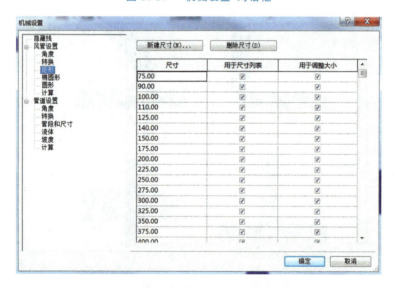

图 10-18　设定风管尺寸

的流体属性参数等进行设置,如图 10-19 所示。

其中对话框右侧列表中的参数具体作用如下。

①为单线管件使用注释比例:指定是否按照"风管管件注释尺寸"参数所指定的尺寸绘制风管管件。修改该设置并不会改变已在项目中放置的构件的打印尺寸。

②风管管件注释尺寸:指定在单线视图中绘制的管件和附件的打印尺寸。无论图纸比例为多少,该尺寸始终保持不变。

③空气动态黏度:该参数用于确定风管尺寸。

④矩形风管尺寸分隔符:指定用于显示矩形风管尺寸的符号。例如,如果使用×,则高度为 12 英寸的风管将显示为 $12''×12''$。

⑤矩形风管尺寸后缀:指定附加到矩形风管尺寸后的符号。

图 10-19　"风管设置"选项组

⑥圆形风管尺寸前缀：指定前置在圆形风管尺寸的符号。

⑦圆形风管尺寸后缀：指定附加到圆形风管尺寸后的符号。

⑧风管连接件分隔符：指定用于在两个不同连接件之间分隔信息的符号。

⑨椭圆形风管尺寸分隔符：指定用于显示椭圆形风管尺寸的符号。例如，如果使用×，则高度为 12 英寸、深度为 12 英寸的风管将显示为 $12''\times12''$。

⑩椭圆形风管尺寸后缀：指定附加到椭圆形风管的风管尺寸后的符号。

⑪风管升/降注释尺寸：指定在单线视图中绘制的升/降注释的打印尺寸。无论图纸比例为多少，该尺寸始终保持不变。

当所有的参数设置完成后，就可以开始绘制风管了。如图 10-20 所示，单击"风管"工具，或输入快捷键 DT，修改风管的尺寸值、标高值，绘制一段风管，然后输入变高程后的标高值；继续绘制风管，在变高程的地方就会自动生成一段风管的立管。

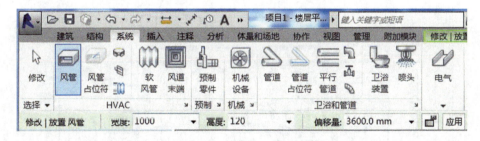

图 10-20　设置风管尺寸及高程

4.绘制送风系统

①单击"插入"选项卡"链接"面板上的"导入 CAD"命令，如图 10-21 所示，导入通过 AutoCAD软件写块导出的分层图纸中的负一层空调风系统图纸。

在"导入 CAD 格式"对话框中设置导入参数，如图 10-22 所示，主要设置图层/标高、导入、单位、定位等参数。设置完成后单击"打开"按钮。

图 10-21　导入 CAD 图纸

图 10-22　设置导入参数

如果勾选对话框左侧的"仅当前视图",那么导入的图纸只在放置的视图显示,不会在其他视图显示。

导入的图纸刚开始是看不到的,在绘图区域双击鼠标中键,图纸就可以显示在绘图区域,选中刚导入的图纸,单击"修改"选项卡中的"解锁"命令,然后执行"对齐"命令,以项目中的轴网为参照对齐图纸的轴网,再选中图纸,选择"修改"选项卡中的"锁定"命令,重新锁定图纸,如图 10-23 所示,防止因误操作移动了图纸。这样就完成了图纸的导入操作。

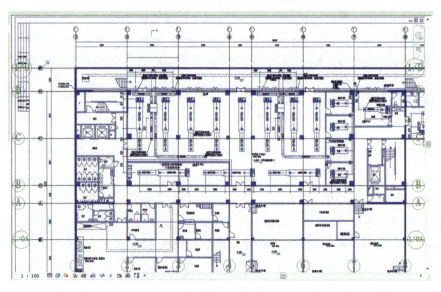

图 10-23　对齐锁定图纸

②开始绘制图 10-24 所示的风管系统。图纸中的 SN-1 代表多联空调室内机，可以在设计图纸中的空调主要设备表中查得。

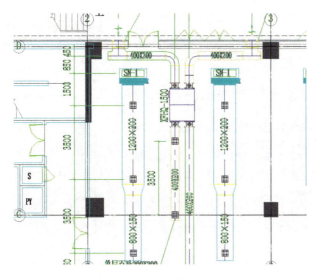

图 10-24　风管系统

单击"插入"选项卡上的"载入族"命令，如图 10-25 所示，打开"载入族"对话框，载入教材附件中的 SN-X 族，单击"打开"。

图 10-25　载入设备族

单击"系统"选项卡的"机械设备"命令，在属性栏里单击"编辑类型"，进入"类型属性"对话框，单击"复制"，如图 10-26 所示，修改名称为"SN-1"，单击"确定"，修改连接宽度为"1200"，宽度 4 为"200"，再单击"确定"。

③进入绘图区放置设备，如图 10-27 所示。如果知道设备的标高则可以设置偏移量，这里因为不知道 SN-1 设备族的中心标高，所以暂时还不知道它的偏移量。一般在无法确定设备标高的情况下，可以先把设备放在相应的默认偏移量位置，先不设置它的偏移量，这种方法适用于多数情况。放置设备后按两次 Esc 键退出。

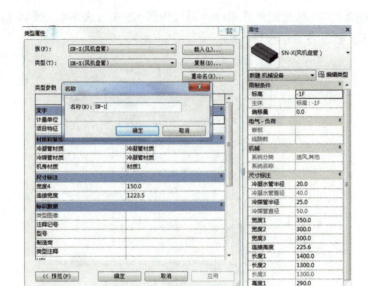

图 10-26　创建 SN-1 设备

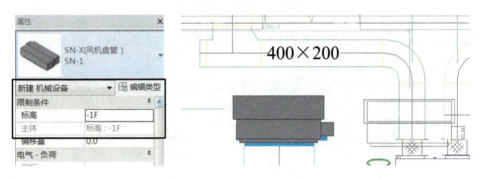

图 10-27　放置设备

接着在绘图区选中刚放置的设备,光标移动到图 10-28 所示的 ⊠ 处点击鼠标右键,在弹出的对话框中单击"绘制风管"。在选项栏中设置风管的尺寸和高度,创建一段风管,图 10-28 中 1200×200 为风管的尺寸,1200 表示风管的宽度,200 表示风管垂直于纸面的高度,单位为 mm。偏移量表示风管中心线距相对标高的高度偏移量。

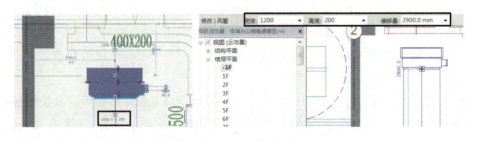

图 10-28　创建连接风管

风管的绘制需要两次单击,第一次单击确认风管的起点,第二次单击确认风管的终点。绘制完毕后单击"修改"选项卡下"编辑"面板上的"对齐"命令,将绘制的风管与底图中心位置对齐。选择该风管,在属性栏中修改它的水平对正和垂直对正,偏移量改为 2700.0,如图 10-29 所示。

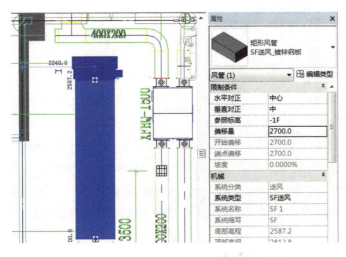

图 10-29　设置风管偏移量

④选择该风管,在左侧小方块上单击鼠标右键,如图 10-30 所示,选择"绘制风管"。然后设置风管的宽度为 800,高度为 150,偏移量为 2700,如图 10-31 所示,绘制下一段风管。如果发现风管及设备不可见,可在属性栏中单击"视图范围",调整视图范围的参数。

这样就完成了图纸上一段送风系统的绘制,单击快速访问工具栏上的"默认三维视图"，在属性栏上单击"可见性/图形替换"命令,如图 10-32 所示,在对话框中选择"导入的类别"选项卡,去掉导入的图纸前的"√",可以控制导入的图纸不显示在三维视图中,这样在三维视图中可以清楚地看到刚才绘制的送风系统,如图 10-33 所示。

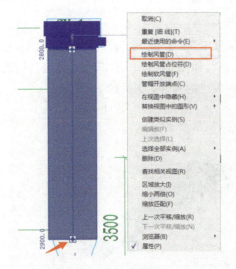

图 10-30　右键选择"绘制风管"

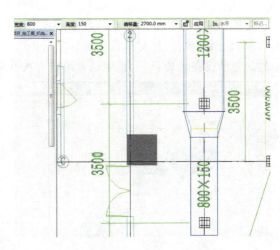

图 10-31　绘制 800×150 的风管

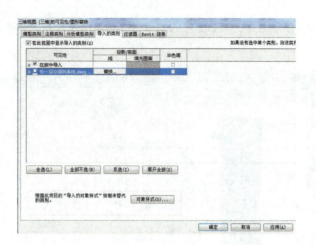

图 10-32　"导入的类别"选项卡

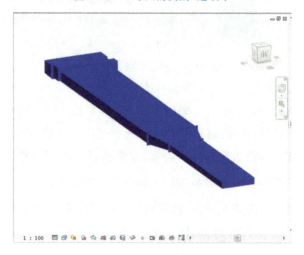

图 10-33　送风系统三维模型

⑤按住鼠标左键框选住送风系统,单击"修改"选项卡"创建"面板上的"创建组"命令,在弹出来的"创建模型组"对话框中输入"－1F 送风系统",如图 10-34 所示,单击"确定",刚选中的风管和设备就成组了,选中后就可以一次性选中成组的构件,如图 10-35 所示。

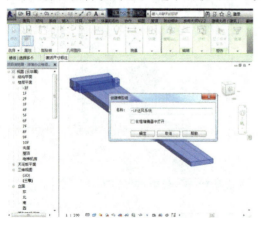

图 10-34　"创建模型组"对话框

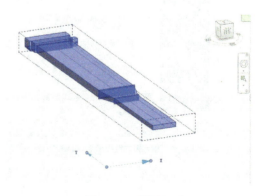

图 10-35　模型组

　　⑥在项目浏览器的"楼层平面"单击"－1F",回到－1F 楼层平面,确保模型组是在选中的状态下,如果没有被选中,也可单击选中模型组,在"修改|模型组"选项卡的"修改"面板上单击"复制"命令,如图 10-36 所示。

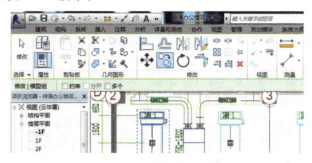

图 10-36　"复制"命令

　　在选项卡上有"约束"和"多个"两个选项,如果勾选"约束"命令,那么复制的对象只能在水平或垂直方向进行复制,如果勾选"多个"命令,那么复制的对象可以进行多个复制,否则只能复制一个,继续复制需要重新操作。这里把"约束"和"多个"都勾选上,接着需要指定一个复制基点,这里指定风管中心上的某个点都可以,如图 10-37 所示。然后选择要复制的位置,单击鼠标左键确定,即可完成模型组复制,如图 10-38 所示。

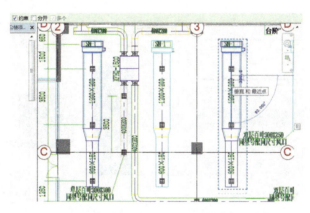

图 10-37　指定复制基点

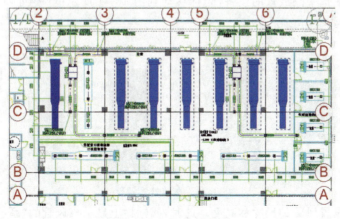

图 10-38　复制多个模型组

这里快速地创建了地下室－1F 中的一部分相同的送风系统,按同样的方法可完成其他类似送风系统模型的创建,这里就不一一讲解了。

5.绘制回风系统

①单击"插入"选项卡上的"载入族"命令,选择教材附件中的"XFHQ-吊装式-1000-1500.rfa"族,单击"打开"。

在"系统"选项卡上单击"机械设备"命令,在属性栏里单击"编辑类型",进入"类型属性"对话框,在"类型"下拉菜单中选择"XFHQ-1500",再单击"确定",如图 10-39 所示。

②进入绘图区放置设备,如图 10-40 所示。如果知道设备的标高,可以设置偏移量,这里不知道 XFHQ 设备族的中心标高,所以不好设置它的偏移量。一般在这种无法确定设备标高的情况下,可以先把设备放在相应的位置,先不设置它的偏移量,这种方法适用于多数情况。放置好设备后按两次 Esc 键退出。

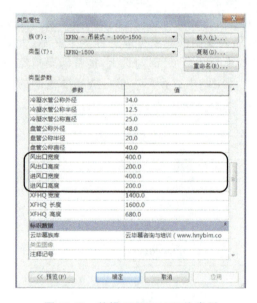

图 10-39　编辑 XFHQ-1500 族类型

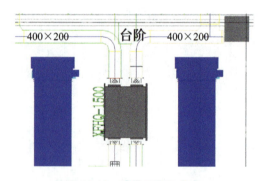

图 10-40　放置 XFHQ 设备

接着在绘图区选中刚放置的设备,光标移动到图 10-41 所示的 ✛ 处单击鼠标右键,在弹出的对话框中单击"绘制风管"。

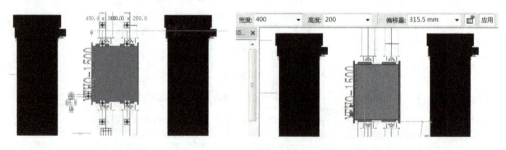

图 10-41　创建连接风管

在选项栏中设置风管的尺寸和高度。此时,属性栏上显示该风管的"系统类型"为 SF 送风系统,不是想要的风管系统,也就是如果处于风管绘制状态,系统会默认之前绘制的风管系统类型,而且无法更改系统类型。如果想要更改系统类型,可以按 Esc 键一次(此时退出了风管绘制状态,但没退出风管绘制命令),在属性栏中把风管的系统类型改为"HF 回风",如图 10-42 所示。

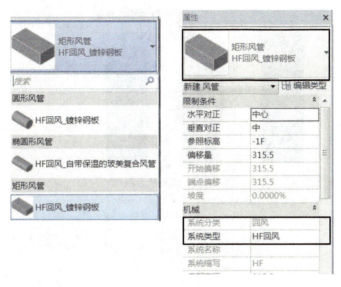

图 10-42 更改风管的系统类型

图 10-43 中 400×200 为风管的尺寸,400 表示风管的宽度,200 表示风管垂直于纸面的高度,单位为 mm。偏移量表示风管中心线距离相对标高的高度偏移量。风管的绘制需要两次单击,第一次单击确认风管的起点,第二次单击确认风管的终点。绘制完毕后按两次 Esc 键退出命令。选择该风管,在属性栏中修改它的水平对正和垂直对正,将偏移量改为 2900.0mm(风管的偏移量是根据建筑及结构楼层标高、结构梁标高和其他管线标高综合确定得到的)。

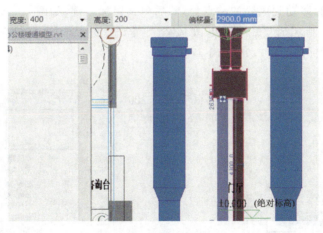

图 10-43 绘制风管

③用同样的方法,选中该设备,创建设备的另外三段风管,风管拐弯处会自动生成风管弯头或过渡件,如图 10-44 所示。

从图纸上的文字标注可以看到这里还有个预留洞口,预留洞口处安装有防雨百叶,如图 10-45 所示。

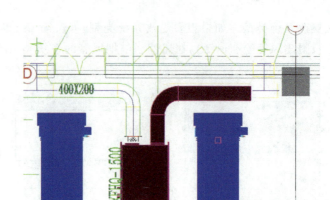

图 10-44　绘制转弯风管

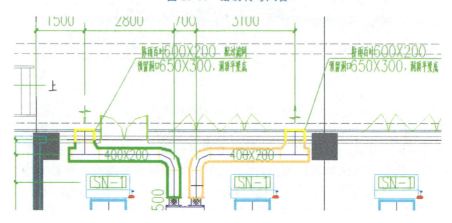

图 10-45　预留百叶洞口

　　选中风管,鼠标移动到风管的端点处,然后单击鼠标右键,如图 10-46 所示。在弹出来的选项中选择"绘制风管"命令。更改风管尺寸,宽度为 600,高度为 200,偏移量为 2900.0mm(根据梁标高确定),如图 10-47 所示。

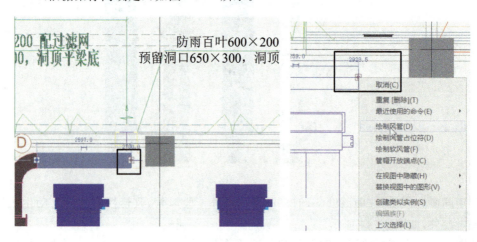

图 10-46　选中风管

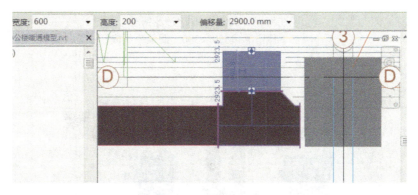

图 10-47　设置风管尺寸

④按两次 Esc 键退出,选中刚绘制的风管弯头,在弯头的边上会出现两个"＋",单击右边的"＋",弯头就会变成 T 形三通,如图 10-48 所示。不难发现该风管的 T 形三通与柱子碰撞了,那么需要调整风管的位置,选中 600×200 的风管,将其移动到正确的位置,也可使用键盘上的上下左右导航键进行微调,如图 10-49 所示。

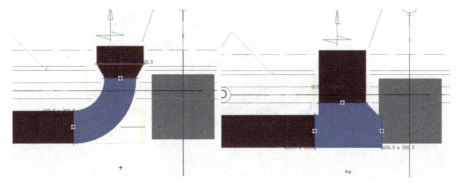

图 10-48　风管弯头变 T 形三通

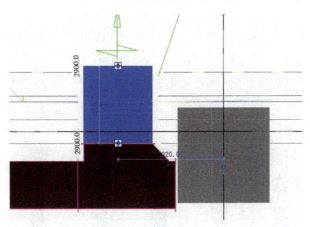

图 10-49　移动风管

用同样的方法绘制另外一段 600×200 的风管,如图 10-50 所示。

在快速访问工具栏上单击"默认三维视图",可以在三维视图查看创建的模型。如果看到的模型只有线条,那么需要调整模型的显示精度为"精细",视图的显示样式为"着色",如图 10-51 所示。

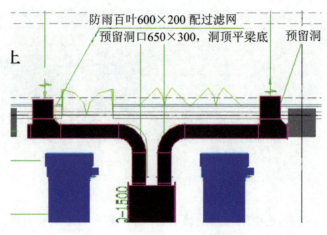

图 10-50　另一端风管绘制

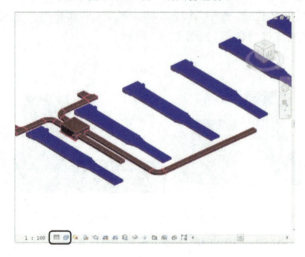

图 10-51　显示样式及显示精度

⑤在三维视图下单击鼠标左键框选回风系统(这里不好选择,可以单击三维视图 ViewCube 的上立面,这样框选起来方便很多),框选的过程中可以按住 Ctrl 键进行多选,选中后的回风系统变成蓝色,如图 10-52 所示。将选中的构件进行成组,组名为"-1F 回风系统"。

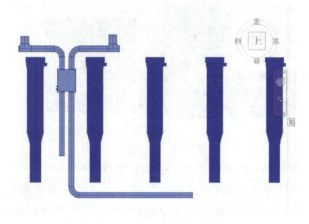

图 10-52　框选回风系统

单击"修改"选项卡中的"复制"命令,指定一个复制基点(这里指定其中一根回风系统风管的中心线上的某个点作为复制基点),然后选择要复制的位置,单击鼠标左键确定,即可完成模型组复制,如图 10-53 所示。

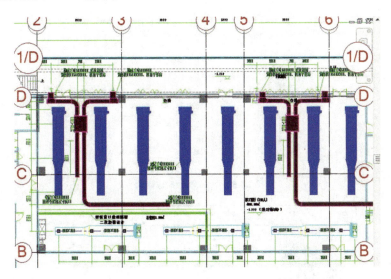

图 10-53　复制回风系统模型组

这里快速地创建了地下室－1F 中的回风系统,按同样的方法可完成其他楼层类似的回风系统模型的创建。这里就不一一讲解了。

6.创建送风机及风管

①从教材附件中载入"送风机-轴流式.rfa"族,在"系统"选项卡中单击"机械设备"命令,此时风机的方向不对,可以按空格键进行风机方向的切换,如图 10-54 所示。在属性栏修改风机的"偏移量",如图 10-55 所示,然后放置风机。

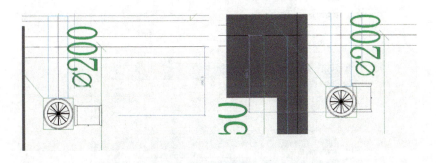

图 10-54　切换风机方向

②单击"风管"命令,进入风管绘制状态,如图 10-56 所示,修改选项栏上的参数。在属性栏单击"编辑类型",进入"类型属性"对话框,在"族"的下拉列表中选择"系统族:圆形风管",单击右边的"复制"按钮,修改名称为"SF 送风_镀锌钢板",如图 10-57 所示,再单击"确定"。

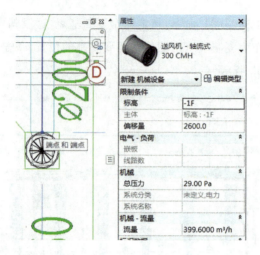

图 10-55　修改风机偏移量

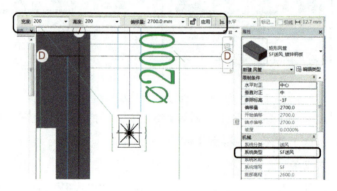

图 10-56　设置风管参数

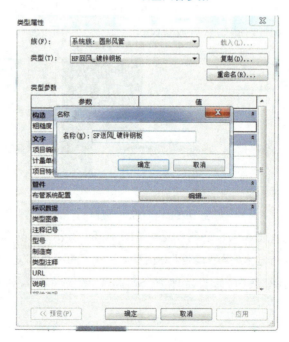

图 10-57　创建圆形风管

③鼠标移动到风机的端点处,软件会自动捕捉到风管绘制的起点,如图 10-58 所示,绘制一段圆形风管。

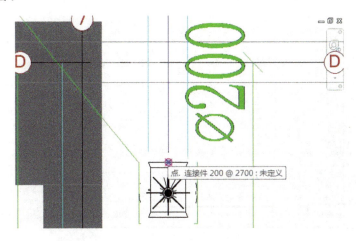

图 10-58　绘制圆形风管

这样就完成了另外一种类型送风系统的绘制。按同样的方法可完成本项目其他类似的送风系统的绘制,完成后记得保存项目。

7.创建排风系统

①打开前面绘制的"排演办公楼项目_施工图_机电_暖通专业.rvt"项目文件,在项目浏览器的"楼层平面"单击"－1F",回到－1F 楼层平面,在属性栏的"可见性/图形替换"单击"编辑",或输入 VV 快捷键,在弹出的"可见性/图形替换"对话框中单击"导入的类别",去掉对"负一层空调风系统.dwg"的勾选,单击"确定",这样该图纸就不显示在该楼层平面,如图 10-59 所示。

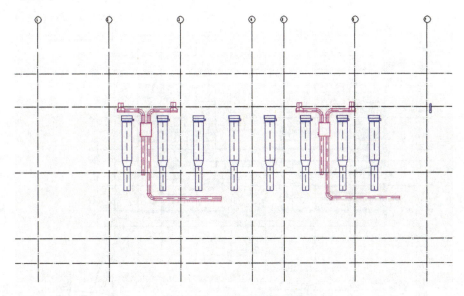

图 10-59　设置图纸不可见

②单击"插入"选项卡"链接"面板上的"导入 CAD"命令,导入通过 CAD 软件写块导出的分层图纸,导入"负一层暖流通消防图.dwg"。

在"导入 CAD 格式"对话框中设置导入参数,主要设置导入单位、定位等参数,如图 10-60 所示,设置完成后单击"打开"。

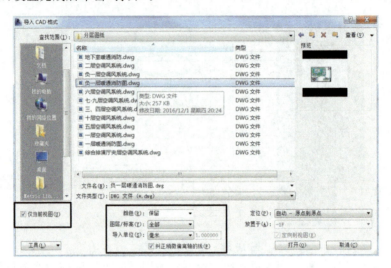

图 10-60　设置导入图纸参数

如果勾选对话框左侧的"仅当前视图",那么导入的图纸只在当前放置的视图显示,不会在其他视图显示。

导入的图纸刚开始是看不到的,在绘图区域双击鼠标中键,图纸就可以显示在绘图区域,选中刚导入的图纸,在"修改"选项卡单击"解锁"命令,然后执行"对齐"命令,以项目中的轴网为参照对齐图纸中的轴网,再选中图纸,单击"修改"选项卡中的"锁定"命令,重新锁定图纸,如图 10-61 所示,防止因误操作移动了图纸。这样就完成了图纸的导入操作。

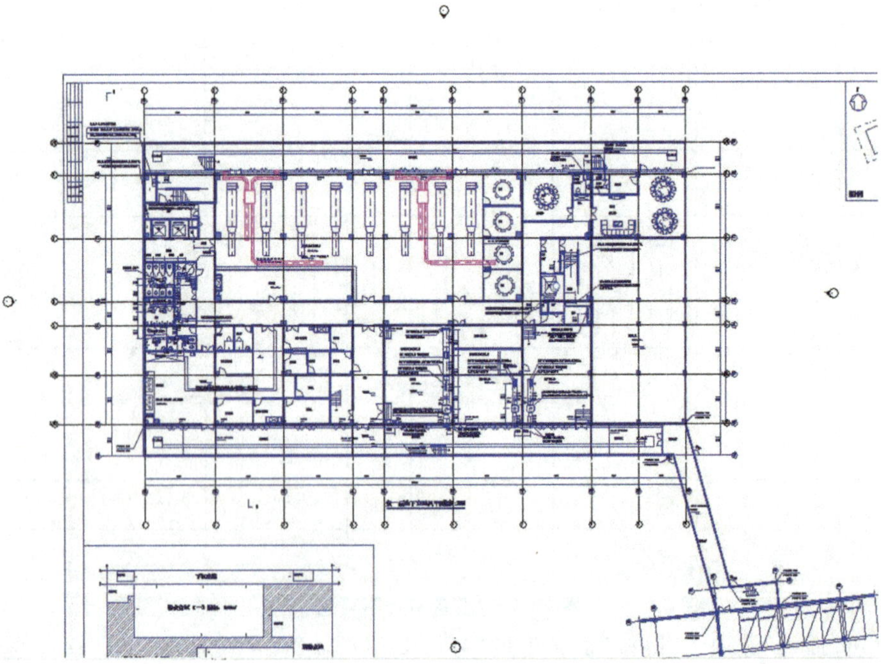

图 10-61　对齐锁定图纸

③开始绘制图 10-62 所示的风管系统。图纸中的 SGPF-B-1 代表离心风机,可以在设计图纸中的空调主要设备表中查得。

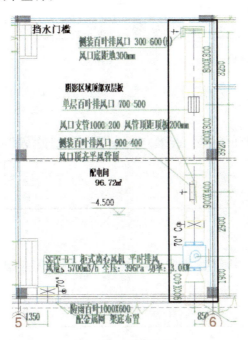

图 10-62　风管系统

单击"插入"选项卡上的"载入族"命令,弹出"载入族"对话框,如图 10-63 所示,载入教材附件中的"离心式风机-箱式.rfa"族,单击"打开"。

图 10-63　载入设备族

单击"系统"选项卡的"机械设备"命令,在属性栏里单击"编辑类型",进入"类型属性"对话框,单击"复制",修改名称为 SGPF-B-1 柜式离心风机,单击"确定",按图 10-64 所示修改出入口宽度和高度,再单击"确定"。

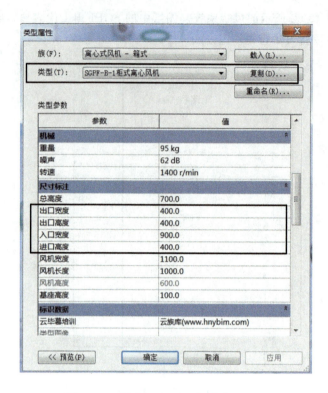

图 10-64 创建 SGPF-B-1 柜式离心风机

④进入绘图区放置设备,先不设置它的偏移量,按空格键切换设备的方向,方向正确后放置设备,按两次 Esc 键退出,如图 10-65 所示。

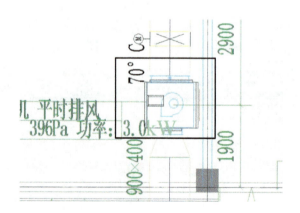

图 10-65 放置风机

⑤选中刚放置的设备,光标移动到离心风机端点处单击鼠标右键,在弹出的对话框中单击"绘制风管"便可以进行风管绘制,但这里先不直接绘制,因为还没有选择风管系统类型,所以要按一次 Esc 键,先退出风管绘制状态,在属性栏中修改"系统类型"为"PY 排烟",如图 10-66 所示。选择矩形风管,然后单击"编辑类型"进入"类型属性"对话框,单击"复制"按钮,修改名称为"PY 排烟_镀锌钢板",如图 10-67 所示,单击两次"确定"。

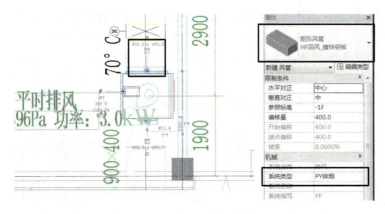

图 10-66　修改风管系统类型

图 10-67　创建排烟风管

在选项栏中设置风管的尺寸和高度,图 10-68 中 900×400 为风管的尺寸,900 表示风管的宽度,400 表示风管垂直于纸面的高度,单位为 mm。偏移量表示风管中心线距离相对标高的高度偏移量。风管的绘制需要两次单击,第一次单击确认风管的起点,第二次单击确认风管的终点。绘制完毕后选择"修改"选项卡下"编辑"面板上的"对齐"命令,将绘制的风管与底图中心位置对齐。

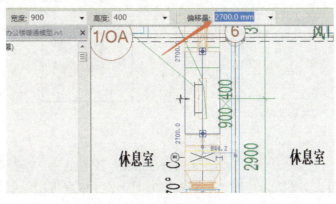

图 10-68　绘制风管

⑥选中该风管,在左侧小方块上单击鼠标右键,选择"绘制风管"。从图纸中可以看出,该段为风管支管,尺寸为 200×1000,图纸标注说明风管顶距离顶板为 200mm,这段支管是向上的立风管。设置风管宽度为 200,高度为 1000,偏移量为 4000.0mm,如图 10-69 所示,然后双击右边的"应用"。

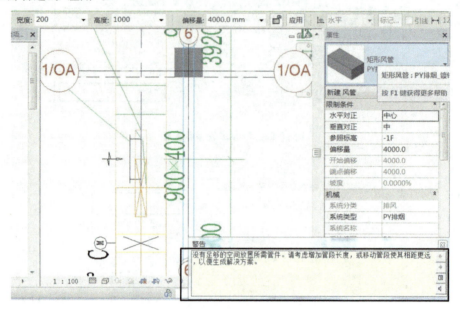

图 10-69　绘制风管上立管

此时右下角会弹出"警告"对话框,这也是在机电综合管道绘制过程中经常会出现的问题,出现这种问题主要是因为该段水平风管和垂直的支管连接会生成管件或过渡件(这里主要是弯头和变径),生成这些过渡件的空间不够便会出现"警告"。如图 10-70 所示,在三维视图中可以看到风管没有生成过渡件。解决办法是将风管主管拉长或将风管立管的偏移值设置大一些。

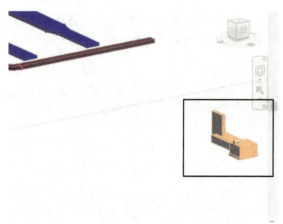

图 10-70　风管三维视图

单击快速访问工具栏上的"撤销"或键入"Ctrl＋Z",然后将刚绘制的风管拉长,如图 10-71所示,并重新绘制支管立管。将偏移量设置为 4500.0mm,双击选项栏右边的"应用",可以生成风管立管,如图 10-72 所示。

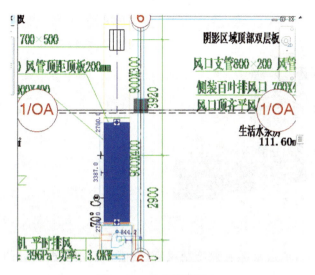

图 10-71　改变风管长度

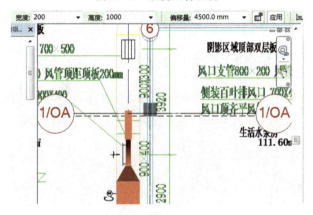

图 10-72　生成风管立管

⑦单击快速访问工具栏上的"默认三维视图",进入三维视图,选中绘制支管时生成的弯头,单击左边的"+",弯头就变成了 T 形三通,如图 10-73 所示。

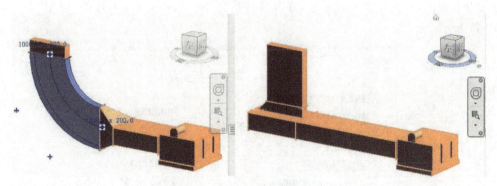

图 10-73　弯头变 T 形三通

选中三维视图中的立管,单击风管顶的标高数字 4500,修改为 3600.0mm(该值是根据图纸计算得出的),如图 10-74 所示。回到-1F 楼层平面,框选刚绘制的风管支管及风管管件,将其移动到图 10-75 所示的位置。

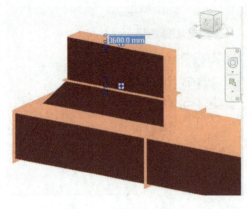

图 10-74 修改立管长度

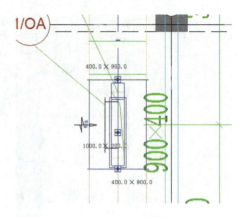

图 10-75 移动风管

⑧选中 T 形三通,单击鼠标右键绘制风管,按图纸要求更改风管的尺寸和偏移值,如图 10-76所示。

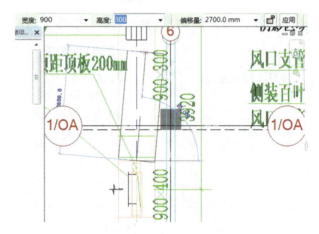

图 10-76 绘制风管

当绘制到末端时,从图纸中可以得出,该段风管为向下的立管,绘制的原理和前面的支管立管是相似的,首先设置风管尺寸,修改偏移量为 300.0mm,双击右边的"应用"即可,如图 10-77 所示。

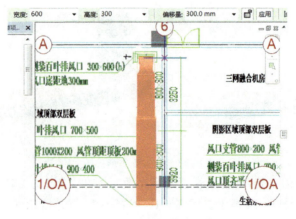

图 10-77 绘制风管下立管

　　单击快速访问工具栏上的"默认三维视图",然后单击属性栏上的"可见性/图形替换"命令,在弹出的对话框中选择"导入类别",去掉对导入图纸的勾选,这样导入的图纸不显示在三维视图中,可以清楚地看到刚才绘制的排风系统,如图 10-78 所示。

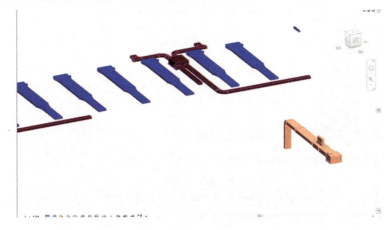

图 10-78　排风系统三维模型

　　⑨回到－1F 楼层平面,绘制离心风机出风口的风管。选中风机,右键选择"绘制风管",先默认绘制一段风管,然后设置风管的尺寸为 900×400,绘制出口风管,如图 10-79 所示。

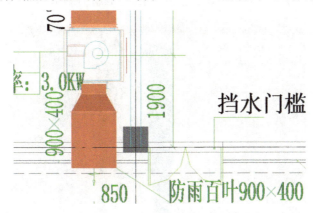

图 10-79　绘制出口风管

　　此时,－1F 中的三种风管系统的绘制已完成,根据这种方法可以创建多种风管,这里就不一一讲解了。

10.3.3　添加百叶风口

　　不同的风系统使用不同的风口类型。在本案例中,送风系统使用的风口为双层百叶送风口;回风口既有单层百叶回风口,也有双层百叶送风口;新风口和室外排风口等与室外空气相接触的风口在竖井洞口上添加防雨百叶。

　　①单击"系统"选项卡"HVAC"面板上的"风道末端"命令,在类型选择器中选择所需的单层百叶回风口以及双层百叶送风口。若项目中没有,则需要从教材附件中载入项目中所需要的这两个族。单击"插入"选项卡上的"载入族"选项,弹出"载入族"对话框,选择所需族,如图 10-80 所示,单击"打开",载入成功。

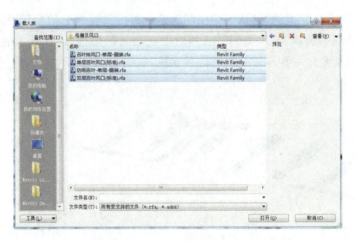

图 10-80　载入百叶风口族

②绘制风口前,一般在视觉样式为"线框"模式下放置,最好不要在"着色"模式下放置。回到－1F 楼层平面,选中送风系统,双击进入编辑组模式,如图 10-81 所示。输入快捷键 VV 将"负一层空调风系统.dwg"图纸显示出来,再单击"风道末端"命令,在属性栏中选择双层百叶送风口。单击"修改"选项卡上"风道末端安装到风管上",如图 10-82 所示,在相应位置单击鼠标左键添加,则风口与风管自动连接起来,完成组的编辑,如图 10-83 所示。

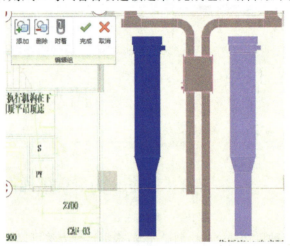

图 10-81　编辑组模式

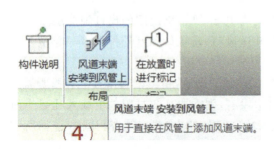

图 10-82　选择"风道末端安装到风管上"

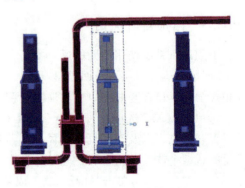

图 10-83　风口与风管连接

在组里添加风口,完成编辑族时会弹出"警告"对话框,此时可以完成编辑,只是有个末端看不到风口,但实际风口已经在组系统里了。为了避免这种问题,可以把所有的组进行解组,然后在相应的位置一个一个地放上去。读者可以尝试一下,这里就不叙述了。

在实际工程中,有不少风口距离风管是有一定的距离的,比如吊顶风口,风口不是直接安装在风管上的。绘制这种末端风口时,不要选择"风道末端安装在风管上",而是先设置风口的放置高度(这里假设风口的吊顶高度为 2700),然后放置风口,如图 10-84 所示。如果出现"警告"对话框,则可能是因为风口与风管的距离太小,无法生成过渡件。

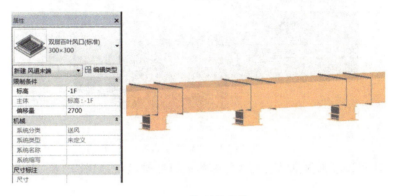

图 10-84 绘制吊顶风口

还有些风口族需要手动连接,方法是先设置好风口的偏移量,然后放置在风管下(注意中心要对正),再选中风口,单击"修改"选项卡上的"连接到"命令,如图 10-85 所示,然后选择需要连接的风管,即可完成风口与风管的连接。

图 10-85 选择"连接到"

③根据图纸添加案例中的其他系统的末端百叶风口,如图 10-86 所示。

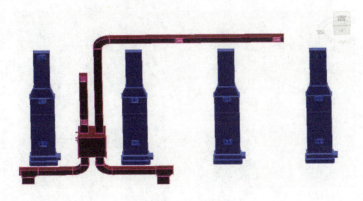

图 10-86 放置百叶风口

④放置防雨百叶。在三维视图中选好角度,方便放置即可,然后单击"HVAC"面板上的"风道末端"命令,选择"防雨百叶-单层-侧装",复制创建一个尺寸为 600×200 的防雨百叶。放置百叶,单击"√"完成编辑,如图 10-87 所示。

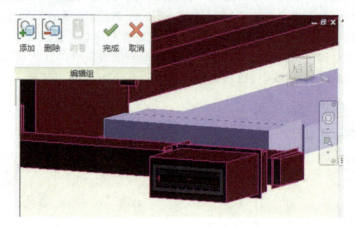

图 10-87　放置防雨百叶

同样的方法可以添加排烟系统的风管末端的百叶排风口,如图 10-88 所示。

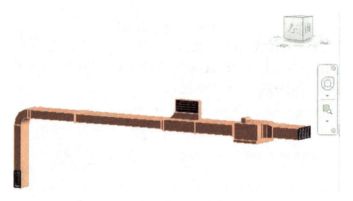

图 10-88　添加百叶排风口

10.3.4　添加风管附件

风管附件包括风阀、防火阀、软连接等,如图 10-89 所示。

图 10-89　风管附件

载入风管附件族,单击"系统"选项卡"HVAC"面板上的"风管附件"命令,在类型选择器中选择"70℃矩形防火阀"和"风管软接",在绘图区域中需要添加防火阀的风管的合适位置的中心线上单击鼠标左键,即可将防火阀和软接添加到风管上,如图 10-90 所示。其他的风管附件也可用同样的方式添加。

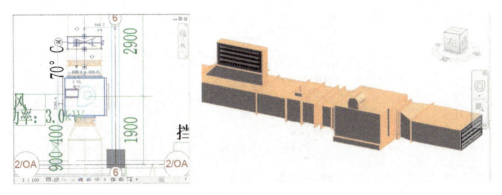

图 10-90　添加防火阀和软接

10.3.5　风管颜色的设置

一个完整的空调风系统包括送风系统、回风系统、新风系统、排风系统及消防排烟系统等。为了区分不同的系统,可以在 Revit 2016 样板文件中设置不同系统的风管颜色,使不同系统的风管在项目中显示不同的颜色,以便于系统的区分和风系统概念的理解。

1. 过滤器的使用

风管颜色的设置是为了在视觉上区分系统风管和各种附件,因此,应在每个需要区分系统的视图中分别设置。

①以上文所建的系统为例,进入－1F 楼层平面视图,在"视图属性"中单击"可见性/图形替换"命令,或直接输入快捷键 VV 或 VG,进入"楼层平面:－1F 的可见性/图形替换"对话框,选择"过滤器"选项卡,单击"编辑/新建"按钮,可以新建过滤器,如图 10-91 所示。

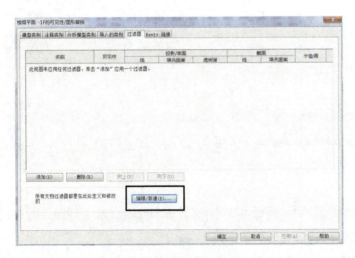

图 10-91　"过滤器"选项卡

②在"过滤器"对话框中分别创建送风、回风、排风的过滤器。如图 10-92 所示,单击左下角的"新建"命令,将过滤器命名为"机械-送风",在"类别"里选中"风管"和"风管管件",设置过滤器属性,设置完毕后单击"确定"。

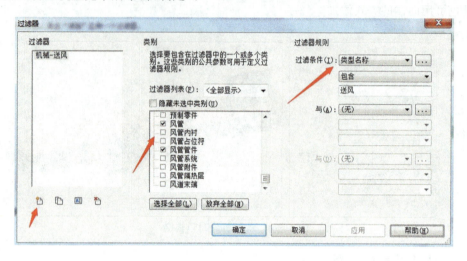

图 10-92 "过滤器"对话框

如图 10-93 所示,单击"过滤器"选项卡下的"添加"命令,添加"机械-送风附件"过滤器,待设置完成后,勾选的风管和风管管件会被着色,未勾选的风管附件和风管末端不会被着色,如有需要,也可进行着色。

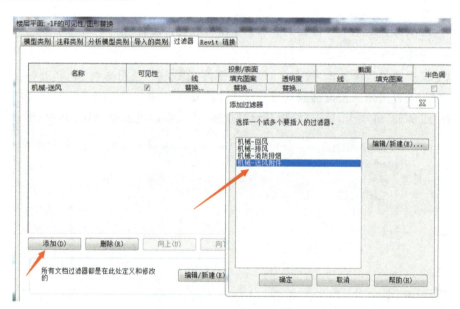

图 10-93 添加过滤器

③回到"楼层平面:-1F 的可见性/图形替换"对话框,单击"投影/表面"下的填充图案,按图 10-94 进行设置,设置完毕后单击两次"确定"。

④由于风管管件不包括"送风"字样,所以风管管件需要手动添加"送风"类型标记。进

入编辑组,在三维视图中选中风管管件,如图 10-95 所示,在"类型属性"对话框的"类型标记"中输入"送风",单击"确定"即可。

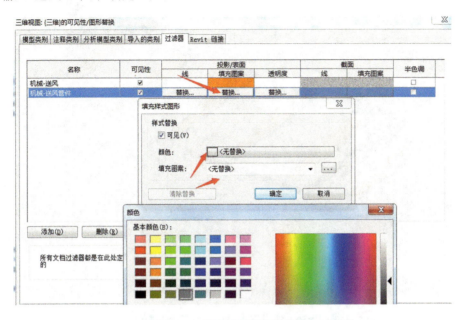

图 10-94　设置过滤器的填充图案

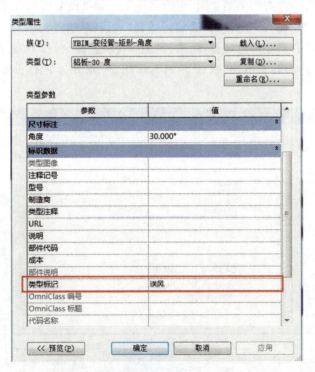

图 10-95　类型标记添加信息

⑤回风、排风、排烟系统的颜色设置同上述送风系统的操作步骤。这里设置送风系统为金黄色,如图 10-96 所示。

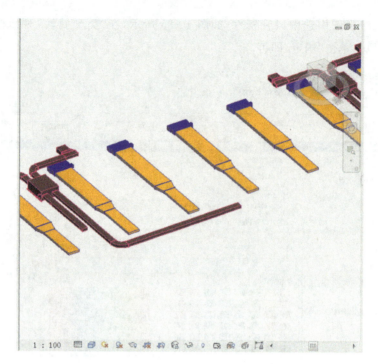

图 10-96　使用过滤器后的三维送风系统

当自带的过滤器中没有所需系统时，可以自定义。如果没有新风系统，单击"可见性/图形替换"对话框中的"添加"命令，弹出"添加过滤器"对话框，选择需要添加的"机械-新风"过滤器。如果选项中没有需要的过滤器，则选择"编辑/新建"命令，弹出"过滤器"对话框，单击左上角的"新建"命令，将名称改为"机械-新风"，按图 10-97 所示进行设置，然后进行相应的颜色设置即可。

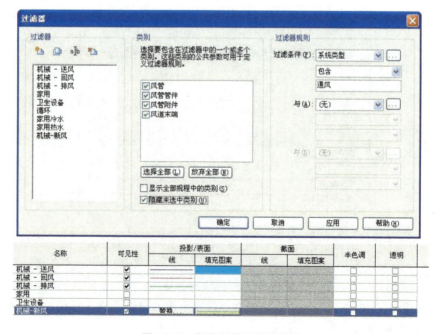

图 10-97　新建新风系统过滤器

⑥二维视图如有着色需要，需重新设置（设置方法同三维视图），在三维视图中设置的过滤器不会在平面视图中起作用，如图 10-98 所示。

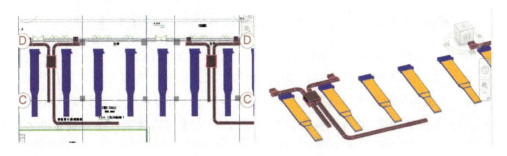

图 10-98　平面视图与三维视图

2.系统材质修改

前面讲述了使用过滤器来修改风管系统的颜色，这里还可通过另一种方法来设置风管系统的颜色。

首先在项目浏览器的"族"下找到"风管系统"，在其二级目录下有本项目所有创建的风管系统，选中"SF送风"，右键单击选择"类型属性"，然后在图 10-99 所示"类型属性"对话框的"材质"上单击右侧的 ...，弹出材质编辑器，也可以在材质中修改风管系统的颜色。

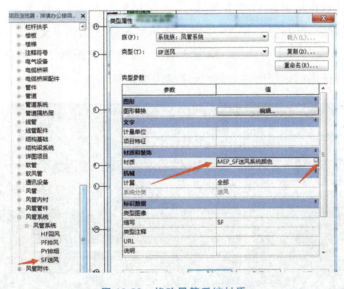

图 10-99　修改风管系统材质

第11章 给排水系统的创建

在 Revit MEP 模块中,工程师可以通过在模型中放置机械构件,将机械构件用管道建立连接,并指定管道的系统类型。利用该模式创建给排水系统可以在建筑物中精确布置管路,检查管线碰撞和调整管道,并可快速统计管路明细表,大大提高建筑给排水设计的效率和质量。

本章给排水系统包括空调水系统,生活给排水系统,消防给水、中水系统及雨水系统等。空调水系统分为冷冻水、冷却水、冷凝水等系统。生活给排水系统分为冷水系统、热水系统、污水系统等。本章主要讲解给排水系统在 Revit 2016 中的绘制方法。

11.1 案例介绍

本章案例为排演楼地下室给排水系统,需要绘制的有给水管、排水管、污水管、废水管等,添加各种阀门管件,并与机组相连,形成生活用水系统。在地下室给排水系统平面布置图中,各种管线的意义如图 11-1 所示,绘制水管时,需要注意图例中各种符号的意义,使用正确的管道类型和正确的阀门管件,以保证建模的准确性。

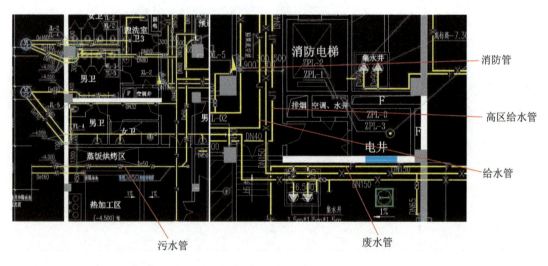

图 11-1　地下室给排水系统平面布置图

在绘制过程中,还需要查看给排水设计说明和各系统图,以配合平面图纸确定管路的标高和走向。如图 11-2 所示。

绘制水管系统常用的工具如图 11-3 所示,熟练掌握这些工具及快捷键,可以提高绘图效率。

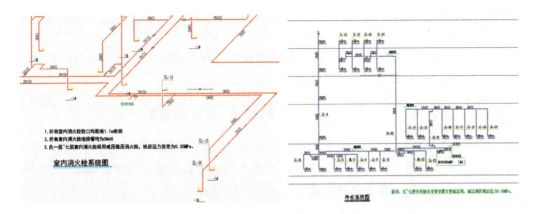

图 11-2 地下室泵房大样图

图 11-3 绘制水管系统常用的工具

(1)管道(快捷键 PI)。单击此工具可绘制水管管道。管道的绘制需要两次单击,第一次确定管道的起点,第二次确定管道的终点。

(2)管件(快捷键 PF)。水管的三通、四通、弯头等都属于管件,单击此工具可向系统中添加各种管件。

(3)管路附件(快捷键 PA)。管道的各种阀门、仪表都属于管路附件。单击此工具可向系统中添加各种阀门及仪表。

(4)软管(快捷键 FP)。单击此工具可在系统中添加软管。

11.2 导入 CAD 底图

打开前面另存的"排演办公楼项目_施工图_机电_给排水专业.rvt"文件,重新导入"地下室给排水系统.dwg",并将其位置与轴网位置对齐、锁定。

11.3 绘 制 水 管

水管的绘制方法和风管的绘制方法大致相似。单击"系统"选项卡下"卫浴和管道"面板中的"管道"工具,或键入快捷键 PI,在属性栏或选项栏里输入或选择需要的管径(如 150),修改偏移量为该管道的标高(如 2700),在绘图区域进行绘制。执行"系统"—"管道"命令,在起始位置单击鼠标左键,拖曳光标到需要转折的位置再单击鼠标左键,然后继续沿着底图线条拖曳鼠标,直到该管道结束的位置,单击鼠标左键,按 Esc 键退出绘制,然后选择另外的一条管道进行绘制。

绘制过程中,在管道转折的地方会自动生成弯头。如需改变管道管径,在绘制模式下的选项栏修改管径即可。管道绘制完毕后,执行"修改"—"对齐"命令(或输入快捷键 AL)将管道中心线与底图表示管道的线条对齐位置。

图 11-4　管道弯头

11.3.1　管道三通、四通、弯头的绘制

1. 管道弯头的绘制

在绘制状态下,如果在弯头处直接改变方向,在改变方向的地方会自动生成弯头,如图 11-4 所示。

2. 管道三通的绘制

单击"管道"工具,输入管径与标高值,绘制主管,再输入支管的管径与标高值,把光标移动到主管合适位置的中心处,单击确认支管的起点,再次单击确认支管的终点,在主管与支管的连接处会自动生成三通,如图 11-5 所示。先在支管终点单击,再拖曳光标至与之交叉的管道的中心线处,单击鼠标左键也可生成三通。

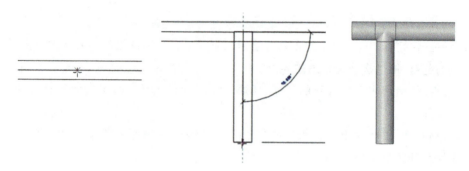

图 11-5　T 形三通

当相交叉的两根水管的标高不同时,按照上述方法绘制三通会自动生成一段立管,如图 11-6所示。

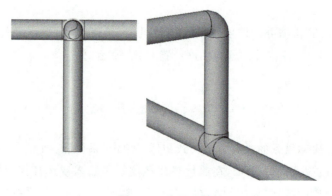

图 11-6　交叉立管

3.管道四通的绘制

方法一：绘制完三通后，选中三通，单击三通处的"＋"，三通会变成四通，如图 11-7 所示。然后单击"管道"工具，移动鼠标到四通连接处，出现捕捉的时候，单击确认起点，再单击确认终点，即可完成管道绘制。同理，点击"－"可以将四通转换为三通。

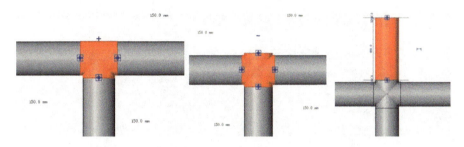

图 11-7　三通转换为四通

弯头也可以通过相似的操作变成三通，如图 11-8 所示。

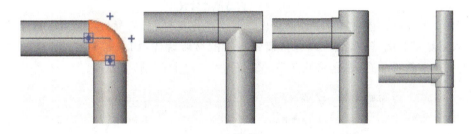

图 11-8　弯头转换为三通

方法二：先绘制一根水管，再绘制与之相交叉的另一根水管，两根水管的标高一致，第二根水管横贯第一根水管，可以自动生成四通，如图 11-9 所示。

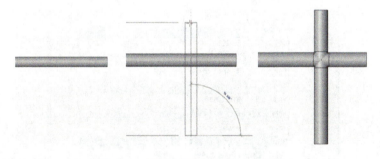

图 11-9　绘制交叉管道自动生成四通

11.3.2　绘制给水管

在绘制管道前，要确定管道的材质及尺寸，这时需要查看图纸的设计说明。本案例中，在说明中可以查到室内给水管道的材质是衬塑钢管，项目提供的给水系统管道的材质为 PPR 管，所以要修改管道的材质。单击"系统"选项卡下的"管道"命令，在属性栏中将"机械"里的"系统类型"修改为"J 给水系统"，如图 11-10 所示，单击"编辑类型"，进入"类型属性"对话框，单击"重命名"，将类型改为"J 给水_衬塑钢管"，在"布管系统配置"的右边单击"编辑"，进入"布管系统配置"对话框。

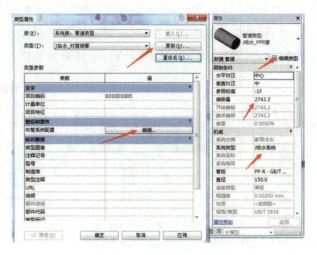

图 11-10　管道属性设置

　　如图 11-11 所示，在"构件"中设置管段和管道的连接件，单击"确定"。由于这个样板中没有载入衬塑钢管的管件，故可以选择镀锌钢管的材质替代，如果需要衬塑钢管材质的管件，分别将这些管件另存为，再将族名字后缀修改为"＊_衬塑钢管"即可。

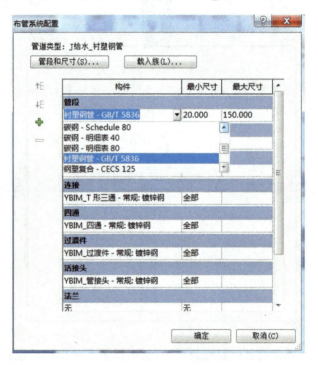

图 11-11　设置管道连接件

　　完成编辑后，开始绘制管道。当管道的尺寸改变或遇转弯时，直接在选项栏修改管道的大小，画大管径的转弯管道（如图 11-12 中给水管道从直径 150 变成两根直径为 100 的管道），然后退出绘制命令，选中弯头，单击旁边的"＋"，弯头就变成 T 形三通，继续绘制管道。

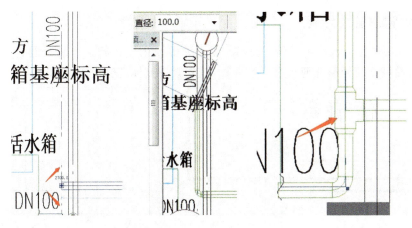

图 11-12　绘制水管

当管道碰到障碍物或者标高变化时，只需在选项栏改变管道的偏移值即可。例如，刚绘制的其中一根 DN100 的管道需接水箱，假设水箱的高度为 2200.0mm，在绘制的过程中更改偏移量，管道就会自动改变高程，如图 11-13 所示。

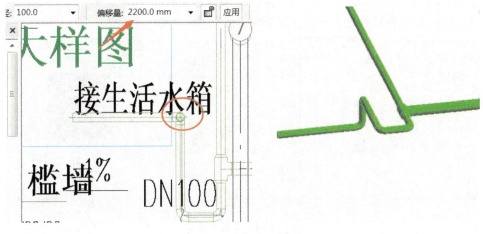

图 11-13　绘制下弯的管道

同理，管道上弯时的画法和管道下弯的画法是一样的。

有时管道避让障碍物或其他专业管道时，需要重新恢复原来的标高。先更改它的上弯或者下弯的偏移量，然后继续画一段管道，最后再把标高改到原来的标高，如图 11-14 所示。

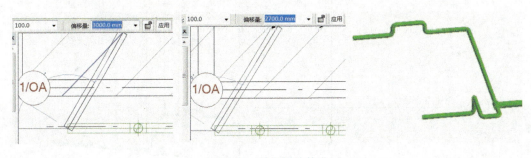

图 11-14　绘制避让管道

11.3.2　水管立管的绘制

在图 11-15 中有一根给水立管(JL-01),从冷水系统图中得知该立管只通到 1F,大小为 $DN50$,根据现场施工经验并通过合理的计算,该立管的上标高暂定为 7800。

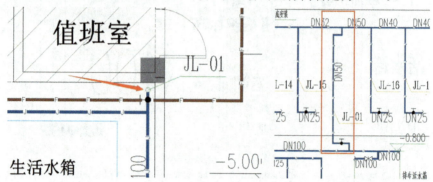

图 11-15　立管立面图纸

回到一1F 楼层标高,选中弯头,将其变为 T 形三通,单击鼠标右键选择"绘制管道",输入管道直径 50,先绘制一段 50 的管道,然后输入管道偏移值 7800.0mm,双击"应用",如图 11-16 所示,在变高程的地方就会自动生成一段管道的立管。

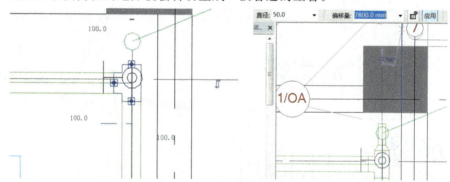

图 11-16　绘制立管

再到 1F 楼层平面,如果看不到管道,可以更改属性栏中的"视图范围"。选中立管,单击鼠标右键选择"绘制管道",绘制得到图 11-17 所示的立管。当然,最好把图纸导入后再进行绘制,这里只是做个演示,所以就没导入图纸。

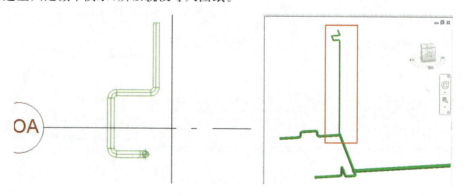

图 11-17　立管三维模型

11.3.3　坡度水管的绘制

选择管道后，设置坡度值，即可绘制，如图 11-18 所示。

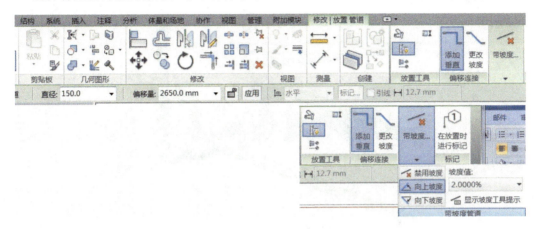

图 11-18　设置管道的坡度值

11.4　添加水管阀门

11.4.1　添加水平管上的阀门

如图 11-19 所示，单击"系统"选项卡下"卫浴和管道"面板中的"管路附件"工具，或键入快捷键 PA，单击属性栏的下拉按钮，选择需要的阀门，把鼠标移动到风管中心线处，捕捉到中心线时（中心线高亮显示），单击完成阀门的添加，如图 11-20 所示。

图 11-19　"管路附件"工具

图 11-20　添加阀门

注意:有些阀门的安装是有方向要求的,如截止阀的安装要求低进高出,有些流量计要求水平安装。如果要改变截止阀的方向,首先选中截止阀,调整竖直方向的转换符号,再调整水平方向箭头,如图 11-21 所示。

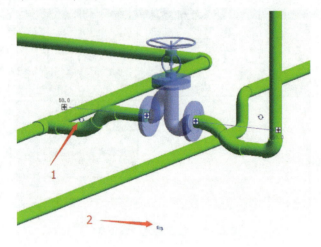

图 11-21　调整截止阀的方向

11.4.2　添加立管上的阀门

立管上的阀门在平面视图中不易添加,在三维视图中也不易捕捉其位置,尤其是当阀门管件较多时,添加阀门很困难。应用下面的方法,可以方便地添加各种阀门管件。例如,当需要在立管上添加闸阀时,可以按照下列步骤进行设置:进入三维视图,单击"管路附件"工具,选择 DN50 的截止阀,光标移动到立管上,当截止阀变为竖直方向时,单击鼠标左键确定,阀门就添加到立管上了,如图 11-22 所示。

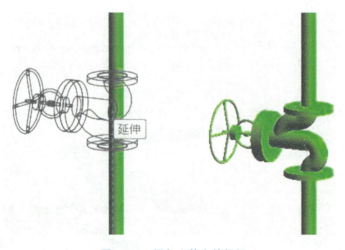

图 11-22　添加立管上的阀门

11.5　连接设备水管

消防管与消火栓相连接,潜污泵与废水管相连,并且在接口处需要添加相应的阀门。这里以消火栓和潜污泵为例,按照下列步骤完成设备和水管的连接。

11.5.1　载入设备族

单击"插入"选项卡下"从库中载入"面板上的"载入族"命令,选择附件中的"单栓室内消火栓箱.rfa"和"潜水排污泵-固定自耦式.rfa"族文件,单击"打开",将族载入项目中。

11.5.2　放置消火栓和潜污泵

单击"系统"选项卡下"机械"面板上的"机械设备"下拉菜单,在面板上的类型选择器中选择"单栓室内消火栓箱",在属性栏里设置偏移量为1100(这个标高设计说明中有注明),然后在绘图区域内将消火栓放置在合适位置,单击鼠标左键,即将消火栓添加到项目中,如图 11-23所示。

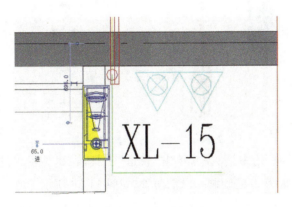

图 11-23　放置消火栓

用同样的方法放置潜污泵,根据图纸设置其偏移量为-1500,如图 11-24所示。

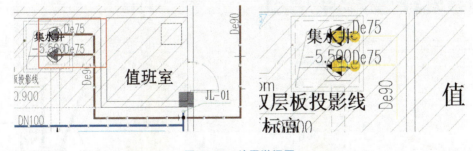

图 11-24　放置潜污泵

11.5.3 绘制水管

回到刚放置消火栓的地方,转到三维视图,选中消火栓,单击"连接到"命令,然后单击需要连接的消防管,可以快速完成消火栓和消防管的连接,如图 11-25 所示。但是,采用这种方法连接的管道,走向很多时候是不正确的,和项目现场的安装差别太大,所以这里一般使用手动连接方式。

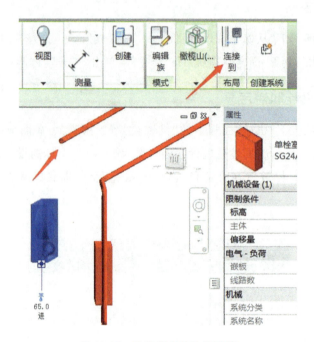

图 11-25 连接消火栓和消防管

回到−1F 楼层平面,选中消火栓,单击"管道"工具,在属性栏中选择"X 消防_镀锌钢管",设置管道的偏移量为 950,绘制一段消防管,如图 11-26 所示。

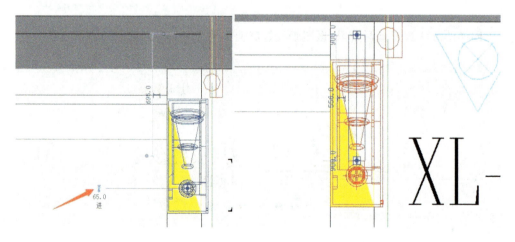

图 11-26 绘制消防管

从图纸中可以看出,这里需要有一根立管(XL-15)来连接两段不同高度的消防管。调整右边高度的消防管,使这两根管道平齐,然后单击鼠标右键选择"绘制管道",连接到消火栓出口处的消防管,这样就完成了消火栓的连接,如图 11-27 所示。

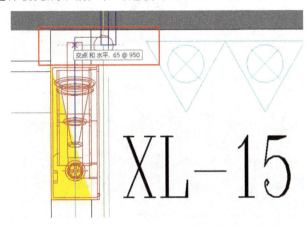

图 11-27　连接消火栓管道

注意:图中管道颜色的改变原理与风管系统颜色的改变相同,也可以通过过滤器进行设置。

接着,回到−1F 楼层平面中潜污泵的位置,绘制一段转弯的废水管,偏移量为 3000,管径为 DN80,如图 11-28 所示。选中潜污泵,单击"修改/机械设备"选项栏中的"连接到"命令,然后单击废水管,完成设备管道的连接,在三维视图中可以看到连接的管道,删除端点处多余的管道,将 T 形三通变为弯头,如图 11-29 所示。

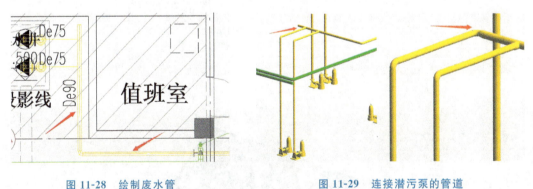

图 11-28　绘制废水管　　　　　图 11-29　连接潜污泵的管道

11.6　按照 CAD 底图绘制水管

按上述绘制方法及原则绘制"排演楼地下室给排水系统"模型,图 11-30 和图 11-31 分别为地下室给排水平面图、−1F 楼层平面视图与三维视图。

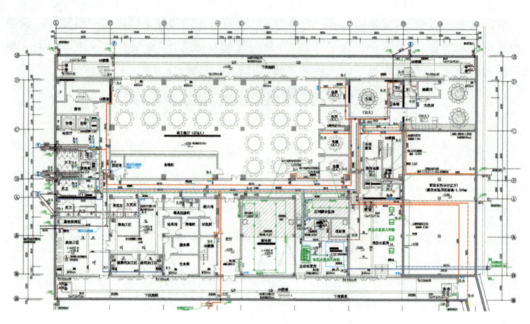

图 11-30   地下室给排水平面图

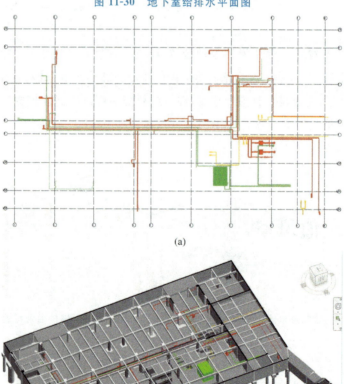

(a)

(b)

图 11-31   一1F 楼层平面视图与三维视图

第12章 消防系统的创建

随着我国建筑工程规模的不断扩大,建筑消防问题也变得越来越突出。目前,我国高层建筑所占的比例非常大,而且其功能复杂、人员密集,一旦发生火灾很难进行集中疏散。除此之外,高层建筑物发生火灾时,其内部通道往往被人切断,从外部扑救不如低层建筑物外部扑救那么有效,扑救工作主要靠建筑物内部的消防设施来完成。所以在建筑工程中,自动喷淋系统被广泛地运用在高层建筑消防系统中。

12.1 案例简介

本章将通过案例"排演楼地下室喷淋系统设计"来介绍消防系统的概念和基础知识、消防专业识图和在 Revit 2016 中机电系统的建模方法,并讲解设置管道系统的各种属性的方法。

使用 AutoCAD 软件打开"排演楼地下室消防系统"的 CAD 文件,可以看到图 12-1 所示的图纸。图中包含喷淋系统与消防栓系统,为了识图及绘图的方便,删除了一些不必要的线条。

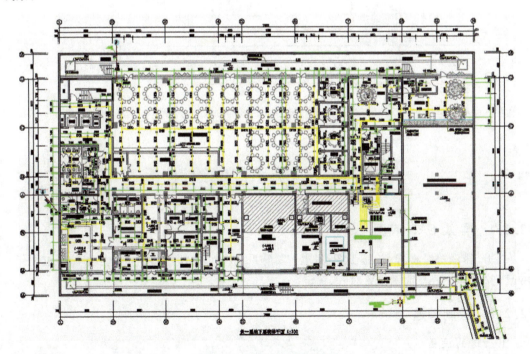

图 12-1 地下室喷淋平面图

图 12-2 所示是喷淋系统的一部分,喷淋系统主要由管道、喷淋装置等构成。

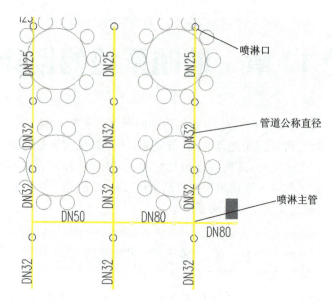

图 12-2　喷淋系统平面图

图 12-3 所示是消防栓系统的一部分,消防栓系统主要由消防管、消防栓构成,在前面给排水系统中已经讲解了。

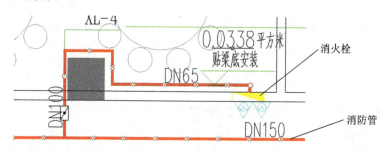

图 12-3　消火栓系统

12.2　消防系统的绘制

12.2.1　导入 CAD 底图

打开"排演办公楼项目_施工图_机电 _喷淋系统.rvt"文件,导入"负一层消防系统图纸.dwg",并将其位置与轴网位置对齐、锁定。

12.2.2　绘制管道

1.管道的设置

(1)新建管道类型

单击"系统"选项卡下"卫浴和管道"面板中的"管道"工具,如图 12-4 所示,在属性栏单击下拉菜单选择"ZP 喷淋_钢管",在弹出的"类型属性"对话框中单击"重命名"按钮,在弹出的"重命名"对话框中输入新名称"ZP 喷淋_镀锌钢管",如图 12-5 所示。单击"布管系统配置"对话框的"编辑"命令,修改喷淋管道的材质,在设计说明中有管道的材质,材质为镀锌钢管,完成后单击两次确定,退出设置界面,完成创建 ZP 喷淋_镀锌钢管的管道类型。如图 12-6 所示。

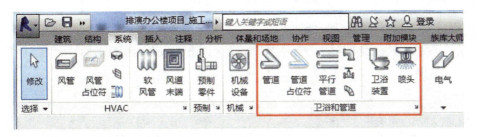

图 12-4　"管道"工具

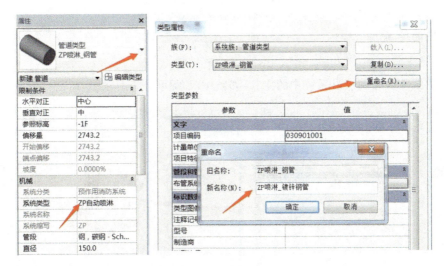

图 12-5　创建消防管道

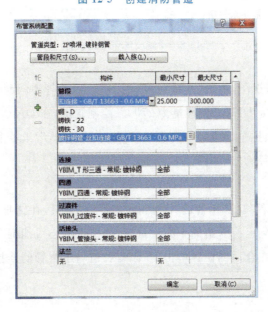

图 12-6　修改管道材质

（2）修改管径与标高

单击"系统"选项卡下"卫浴和管道"面板中的"管道"工具，在选项栏中输入所绘制管道的直径和标高，如图 12-7 所示。偏移量数值的含义是距离相应楼层的高度。

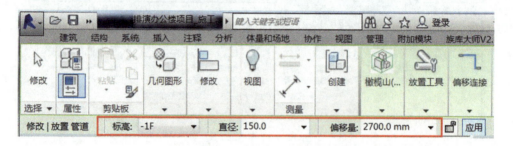

图 12-7　设置管道直径、标高及偏移量

2. 管道的绘制

（1）绘制主管

根据图纸依次绘制喷淋系统中的主管，如图 12-8 所示。

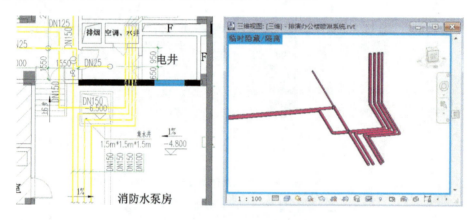

图 12-8　绘制喷淋系统的主管

（2）绘制支管

进入－1F 楼层平面视图，单击"系统"选项卡下"卫浴和管道"面板中的"管道"工具，在选项栏中修改管道直径为 DN25，偏移量为 2700。绘制管道，在 DN25 与 DN32 的管道交界处单击鼠标左键，将选项栏中的直径改为 DN32，偏移量不变，继续绘制管道，在管径发生变化的地方会自动生成变径管件，如图 12-9 所示。

（3）绘制三通

单击"系统"选项卡下"卫浴和管道"面板中的"管道"工具，在选项栏中修改管道的直径与偏移值。将鼠标移动到已有管道的中心线位置，当出现中心线捕捉时，单击鼠标左键确定管道的起点，移动鼠标，在合适的位置单击，在原有管道与绘制管的连接处会自动生成三通，如图 12-10 所示。

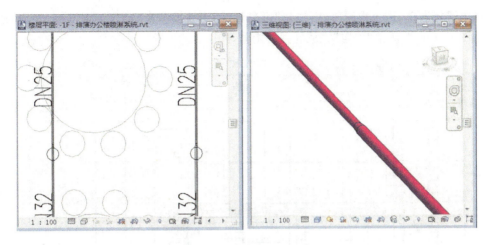

图 12-9　绘制喷淋系统的支管

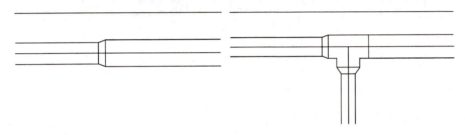

图 12-10　绘制三通管道

12.3　添 加 颜 色

方法与为风管添加颜色一样，添加过滤器或在管道系统里面修改材质颜色，如图 12-11 所示。

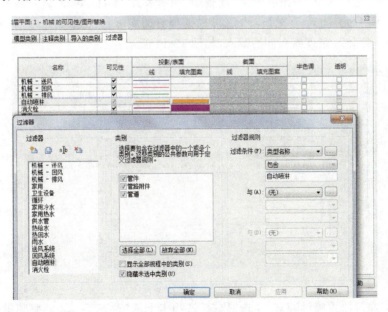

图 12-11　添加过滤器

单击鼠标右键,进入视图属性,编辑"可见性/图形替换",在"导入类别"取消勾选"地下室消防图纸.dwg",单击"确定"完成底图的隐藏,如图 12-12 所示。

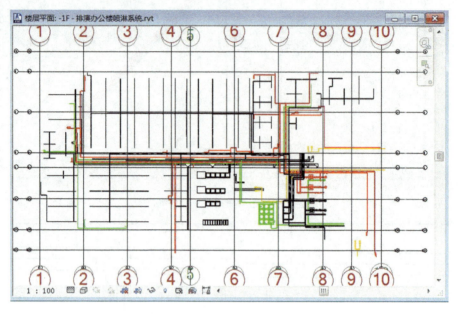

图 12-12　隐藏底图

12.4　载入喷淋装置并连接水管

12.4.1　载入喷淋装置并放置

单击"系统"选项卡下"卫浴和管道"面板中"喷水装置"工具,单击"载入族",选择教材附件中的"喷头-ELO 型-闭式-下垂型.rfa"(可根据项目的实际情况选择喷头_上垂型或喷头_下垂型),单击"打开",完成族文件的载入,如图 12-13 所示。

图 12-13　载入喷头族

单击鼠标左键放置喷淋装置,单击"修改"选项卡上的"对齐"工具,调整喷淋装置的位置与 CAD 图纸上的位置一致,并使喷头的中心线与管道的中心线重合,如图 12-14 所示。

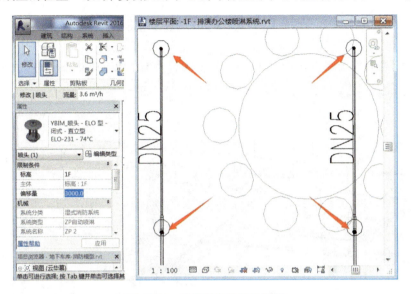

图 12-14　放置并调整喷淋装置

选择喷淋口,在属性栏中将偏移量修改为 3650mm。在没有吊顶的楼层中,一般采用上喷,喷头距离顶板距离为 70~150mm。在有吊顶的楼层中,喷头一般采用下喷,喷头的安装高度根据吊顶高度确定。

12.4.2　连接喷淋喷头

进入三维视图,选择放置的喷淋装置,单击"修改/喷头装置"选项卡下"布局"面板中"连接到"工具,再单击需要连接到的管道,完成喷淋装置与管道的连接,如图 12-15 所示。

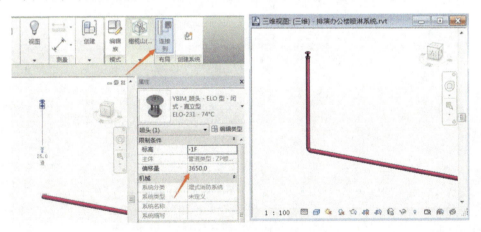

图 12-15　连接喷淋喷头

同理,使用上述方法绘制并连接更多的喷淋喷头。

注意:本系统多个部分相似,建议首先画出相似部分,将相似的部分成组后使用复制的方法去绘制相似的模块,再绘制剩下的少量管道,方法请参照前面送风系统的复制方法。

12.5　根据图纸完成其余构件的绘制

根据图纸绘制其余构件,完成消防系统的创建。喷淋系统三维视图如图 12-16 所示。

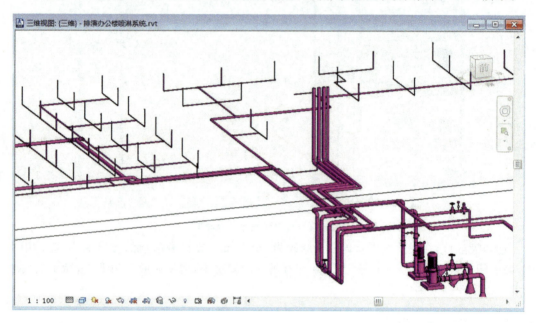

图 12-16　地下室喷淋系统三维视图

第13章 电气系统的创建

随着人们对工作与生活环境的要求不断提高,现代建筑物的功能与相应的标准也逐步提升,现代城市的规模越来越大,建筑群的功能特征日趋明显,出现了中央商务区、休闲商务区、工业园区、行政中心区、经济开发区、住宅小区等区域。建筑电气系统是现代建筑设计中很重要的一部分,实现对这些区域的建筑群与建筑设备的综合管理,是对建筑电气系统功能的挑战,唯有 BIM 技术才能有效解决以上所面临的问题。

电气系统主要包括:建筑供配电技术,建筑设备电气控制技术,电气照明技术,防雷、接地与电气安全技术,现代建筑电气自动化技术,现代建筑信息及传输技术等。

13.1 案例介绍

本章将通过案例"排演楼电气系统"来介绍电气专业识图和在 Revit 2016 中机电建模的方法,使读者了解电气系统的概念和基础知识,掌握一定的电气专业知识,并学会在 Revit 2016 中的建模方法。

打开教材附件中的"排演楼电气施工图_强电"CAD 图纸。

图 13-1 所示为负一层配电干线平面图,图 13-2 所示为负一层照明平面图。在查看图纸之前,仔细阅读施工说明、图例符号,对理解图纸很有用处。把图纸用 CAD 通过写块的形式分层导出,方便后续导入 Revit 软件中。

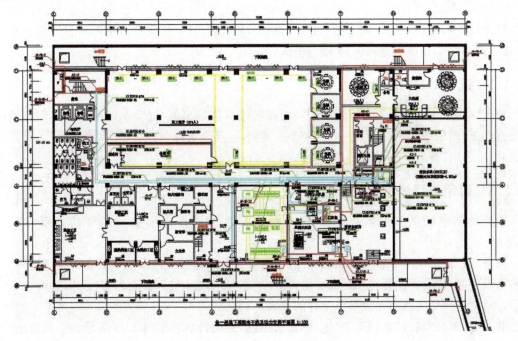

图 13-1 负一层配电干线平面图

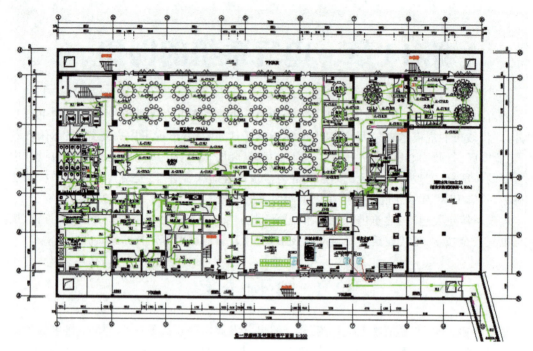

图 13-2　负一层照明平面图

13.2　照明灯具的绘制

13.2.1　新建项目

打开"排演办公楼项目_施工图_机电_电气专业_强电.rvt"文件。单击项目浏览器中的"楼层平面"—"－1F",进入－1F 楼层平面。

13.2.2　链接 CAD 图纸

单击"插入"选项卡下的"链接 CAD",选择已经写块导出的"地下车库照明施工图",具体设置如下:图层选择"可见",导入单位选择"毫米",定位选择"自动—原点到原点"。设置完成后,单击"打开"即完成 CAD 图的导入。

13.2.3　照明装置的载入及放置

①绘制配电间的灯具。根据图 13-3 所示图纸可以得知配电间的灯具为双管荧光灯。

单击"系统"选项卡下"电气"面板中的"照明设备",如果项目内无照明设备的族,则需载入照明设备,软件会自动弹出"载入族"对话框,单击"是",选择"双管荧光灯.rfa",如图 13-4所示,单击"打开",完成照明设备族文件的载入。

载入后,单击"系统"选项卡下"电气"面板中的"照明设备",如图 13-5 所示,在"修改/放置设备"中选择"放置在工作平面上",接着在"属性"栏里设置照明设备的偏移量为 3400.0,

单击鼠标左键放置照明设备。如果弹出"不可见"对话框，则需要调整楼层平面的"视图范围"。放置后使用"对齐"工具，调整照明设备的位置。

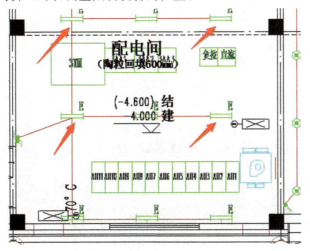

图 13-3　配电间照明灯具

图 13-4　载入照明设备族

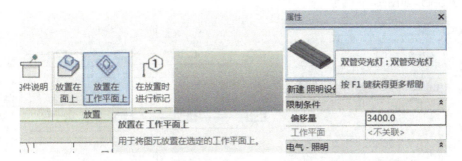

图 13-5　选择放置的工作平面

　　选择已放置的荧光灯具，单击"修改/照明设备"选项卡"修改"面板中"复制"工具，确认勾选"多个"，单击鼠标左键确定基点位置，在需放置灯具的位置再次单击可放置其他荧光灯具，如图 13-6 所示。

　　同理，可完成其他荧光灯具的绘制，如图 13-7 所示。

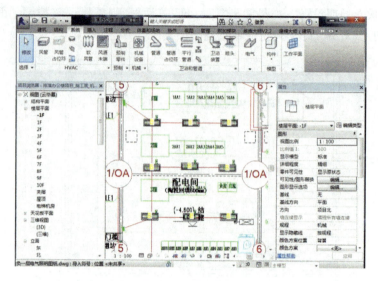

图 13-6　放置灯具

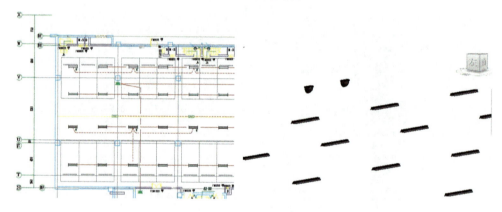

图 13-7　绘制单管和其他灯具

②根据 CAD 底图路径绘制导线。单击"导线",选择"倒角",按照与 CAD 的直线命令相似的方法绘制,如图 13-8 所示。

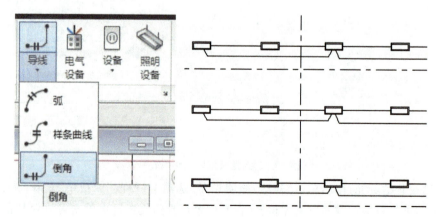

图 13-8　绘制导线

注意:导线在三维视图中是不可见的。

13.3　电缆桥架的绘制

13.3.1　导入 CAD 图纸

单击"插入"选项卡下"链接"面板中的"导入 CAD"工具,选择打开"负一层配电干线施工图_强电" CAD 图纸。具体设置如下:图层选择"可见",导入单位选择"毫米",定位选择"自动"—"原点到原点",放置于选择"—1F"。完成设置后,单击"打开",完成 CAD 图的导入。

13.3.2　绘制电缆桥架

单击"系统"选项卡下"电气"面板中的"电缆桥架"工具,如图 13-9 所示。在"类型属性"对话框中单击"复制",命名为"电缆桥架",确认电缆桥架的首选管件设置如图 13-10 所示,然后单击三次"确定",完成电缆桥架的创建。其管件的设置与风管系统和水管系统类似。

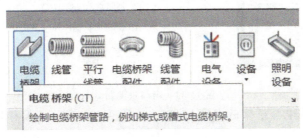

图 13-9　"电缆桥架"工具

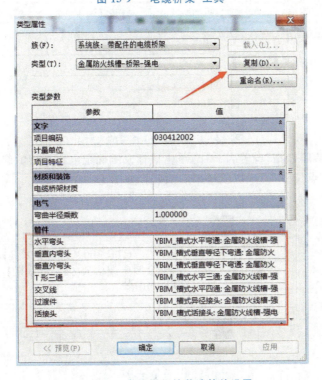

图 13-10　电缆桥架的首选管件设置

①绘制桥架。绘制图 13-11 所示的电缆桥架,电缆桥架尺寸为 300×200,贴梁底安装,经过计算得到梁底标高为 -0.7m。可以计算出中心桥加底标高为 3200(楼层高度减去梁高)。当然,特殊情况下可不贴梁安装,根据现场的实际情况定。

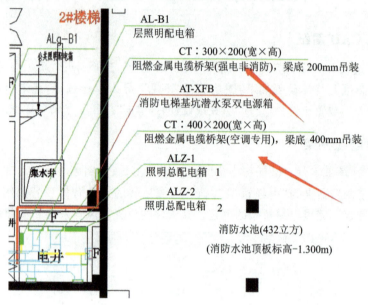

图 13-11　电缆桥架图纸

在选项栏中修改电缆桥架的宽度为 300mm,高度为 200mm,偏移量为 3200.0mm,如图 13-12所示。

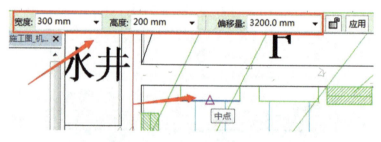

图 13-12　修改电缆桥架的尺寸

这里需要将"参照标高"设置为 -1F,单击鼠标左键确定电缆桥架的起点位置,再次单击确定电缆桥架的终点位置,完成电缆桥架的绘制。如图 13-13 所示。

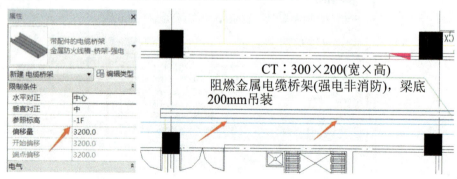

图 13-13　绘制电缆桥架

②对齐电缆桥架。修改视图控制栏中的"详细程度"为精细,"模型图形样式"为线框,如图 13-14 所示。单击"修改"选项卡下"编辑"面板中"对齐"工具,使电缆桥架的中心线与 CAD 图纸中电缆桥架的中心线对齐。

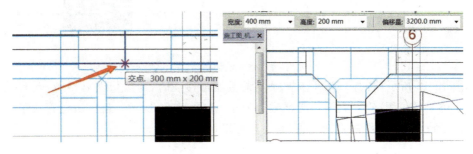

图 13-14　视图控制栏

③绘制三通电缆桥架。单击"电缆桥架"命令,在需要绘制三通的桥架的边缘线单击鼠标左键指定桥架的起点,此时桥架会自动生成三通,如图 13-15 所示。

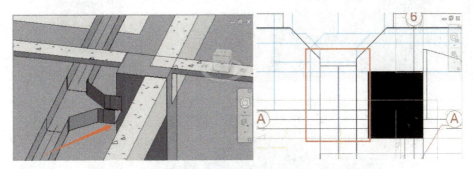

图 13-15　绘制三通电缆桥架

④若遇结构梁,桥架需要下弯,此时由于桥架距离梁太近,在把桥架的偏移量变小后,可能会由于空间不足的原因出现警告报错,故应尽量把桥架画长些,如图 13-16 所示,然后下弯,最后再调整桥架的位置。

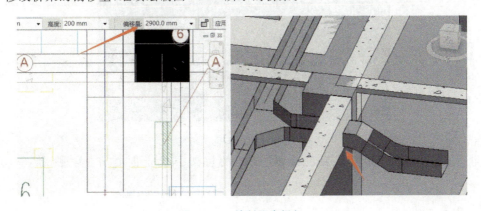

图 13-16　绘制穿梁桥架

修改桥架的偏移量,继续绘制图 13-17 所示的桥架。

图 13-17　绘制下弯桥架

调整桥架的位置,首先进入到－1F 楼层平面,框选桥架(选中的部分为下弯部分的桥架配件),然后使用键盘的上移键移动桥架,如图 13-18 所示。

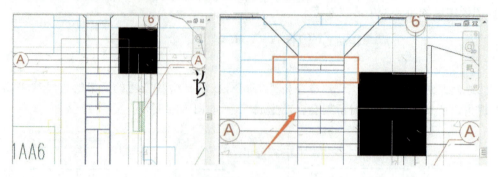

图 13-18　移动桥架

如图 13-19 所示,若桥架移到了极限位置不能再移动时,与梁依然有碰撞,此时就只能移动整个桥架的位置,直到它不再与梁碰撞为止,如图 13-20 所示。(注:机电管线很多时候不一定完全按 CAD 图纸的走向走管,有时候可以调整。)

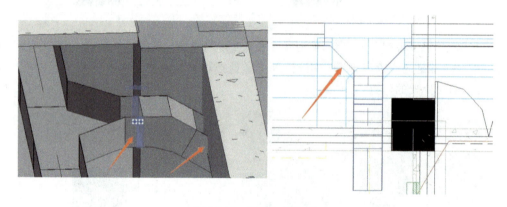

图 13-19　桥架与梁碰撞

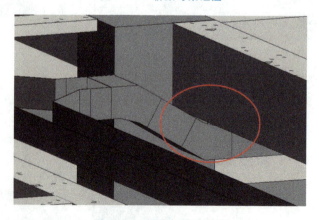

图 13-20　桥架与梁不碰撞

继续完成本楼层其他桥架的绘制,现场的桥架要求走向整齐、美观,如图 13-21 所示。

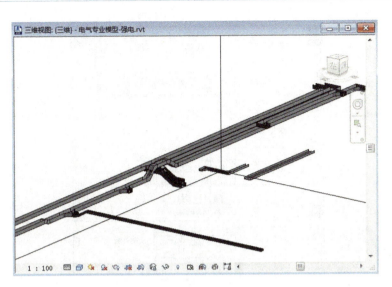

图 13-21　地下室桥架模型

13.4　电气设备的放置

13.4.1　电气设备族的载入

首次放置电气设备需要载入电气设备族,单击"插入"选项卡下"从库中载入"面板中"载入族"工具,选择图 13-22 所示族文件,单击"打开",完成电气设备族的载入。

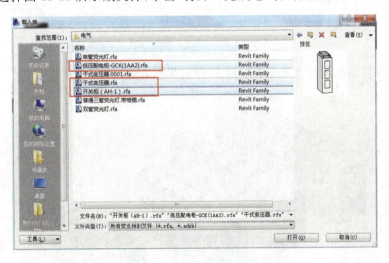

图 13-22　载入电气设备族

13.4.2　放置电气设备

以配电间为例,绘制电气设备,在"电气设备"下拉列表框中选择变压器和电柜,在属性栏里设置偏移量。鼠标光标移动到 CAD 底图上电柜所在位置,单击鼠标左键,放置变压器和电柜,如图 13-23 所示。

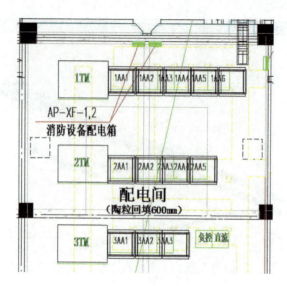

图 13-23　放置电气设备

13.4.3　旋转电气柜

选择已有电气柜,按空格键即可完成电气柜的旋转,如图 13-24 所示。

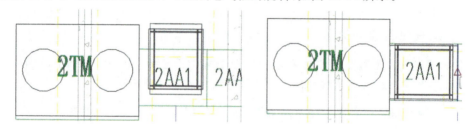

图 13-24　旋转电气柜

同理,完成其他位置电气设备的放置,三维效果图如图 13-25 所示。

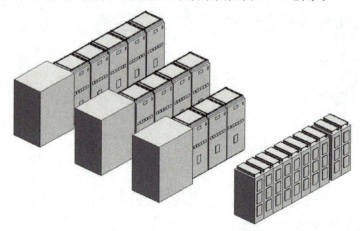

图 13-25　配电间电气设备三维模型

按以上步骤完成其他构件的绘制,比如开关、插座、配电箱等,最终效果图如图 13-26 所示。

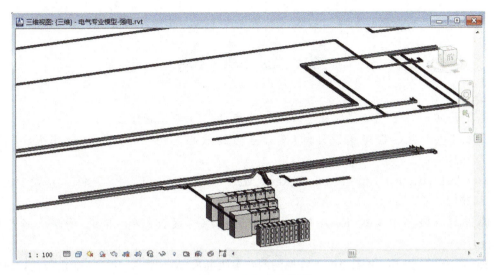

图 13-26　电气专业模型

用同样的方法可完成地下室或整个项目的全专业模型的绘制，如图 13-27 所示。

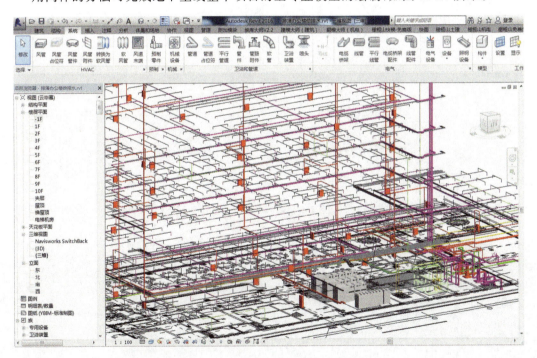

图 13-27　全专业机电系统三维模型

参 考 文 献

［1］袁烽,尼尔·里奇.建筑数字化建造［M］.上海:同济大学出版社,2012.

［2］夏彬.Revit 全过程建筑设计师:掌握参数的核心用法［M］.北京:清华大学出版社,2017.

［3］Autodesk Asia Pte Ltd. Autodesk Revit MEP 2012 应用宝典［M］.上海:同济大学出版社,2012.

［4］郭进宝,冯超.中文版 Revit MEP 2016 管线综合设计［M］.北京:清华大学出版社,2016.

［5］筑·匠.建筑水、暖、电工程施工常见问题与解决办法［M］.北京:化学工业出版社,2016.

［6］欧特克软件(中国)有限公司构件开发组.Autodesk Revit 2013 族达人速成［M］.上海:同济大学出版社,2013.

［7］土木在线.图解建筑工程现场施工［M］.北京:机械工业出版社,2015.